U0194528

前端开发工程师系列

React Native 企业实战

主　编　肖　睿　王曙光

副主编　南　洋　桑宇鹏　宋　磊

中国水利水电出版社
www.waterpub.com.cn
·北京·

内 容 提 要

随着前端框架的发展，来自 Facebook 的前端类库 React 因为独特的设计而被开发者所喜爱。React 引入了一些激动人心的新概念（如虚拟 DOM、JSX 等），使得前端开发者更关注应用的 View（视图）部分，并慢慢从 Web 开发领域跨越到客户端领域。React 同时拥有 Native App 的性能和 Hybrid App 的可维护性，并可以应用在多个平台上，因此很多知名 App 中都使用了这项技术。

作者结合自身丰富的开发经验，以实际开发场景为案例，详细讲述了从理论到应用并解决实际问题的过程。本书不仅包括大量 GitHub 资源，更有很多实际开发经验和技巧总结，这也是本书的亮点所在。另外，本书还配有完善的学习资源和支持服务，包括视频教程、案例素材下载、学习交流社区、讨论组等终身学习内容，为读者带来全方位的学习体验。更多技术支持请访问课工场（www.kgc.cn）。

图书在版编目（ＣＩＰ）数据

React Native企业实战 / 肖睿，王曙光主编. -- 北京：中国水利水电出版社，2017.12
 （前端开发工程师系列）
 ISBN 978-7-5170-6082-6

Ⅰ．①R… Ⅱ．①肖… ②王… Ⅲ．①移动终端－应用程序－程序设计 Ⅳ．①TN929.53

中国版本图书馆CIP数据核字(2017)第293029号

策划编辑：石永峰　责任编辑：周益丹　加工编辑：张溯源　封面设计：梁　燕

书　　名	前端开发工程师系列 React Native 企业实战　　React Native QIYE SHIZHAN
作　　者	主　编 肖　睿　王曙光 副主编 南　洋　桑宇鹏　宋　磊
出版发行	中国水利水电出版社 （北京市海淀区玉渊潭南路 1 号 D 座　100038） 网址：www.waterpub.com.cn E-mail: mchannel@263.net（万水） 　　　　sales@waterpub.com.cn 电话：（010）68367658（营销中心）、82562819（万水）
经　　售	全国各地新华书店和相关出版物销售网点
排　　版	北京万水电子信息有限公司
印　　刷	三河市铭浩彩色印装有限公司
规　　格	184mm×260mm　16 开本　11.75 印张　284 千字
版　　次	2017 年 12 月第 1 版　2017 年 12 月第 1 次印刷
印　　数	0001—3000 册
定　　价	30.00 元

凡购买我社图书，如有缺页、倒页、脱页的，本社营销中心负责调换

前端开发工程师系列

编委会

前　　言

随着互联网技术的飞速发展，"互联网+"时代已经悄然到来，这自然催生了互联网行业工种的细分，前端开发工程师这个职业应运而生，各行业、企业对前端设计开发人才的需求也日益增长。与传统网页开发设计人员相比，新"互联网+"时代对前端开发工程师提出了更高的要求，传统网页开发设计人员已无法胜任。在这样的大环境下，这套"前端开发工程师系列"教材应运而生，旨在帮助读者快速成长为符合"互联网+"时代企业需求的优秀的前端开发工程师。

"前端开发工程师系列"教材是由课工场（www.kgc.cn）的教研团队研发的。课工场是北京大学下属企业北京课工场教育科技有限公司推出的互联网教育平台，专注于互联网企业各岗位人才的培养。平台汇聚了数百位来自知名培训机构、高校的顶级名师和互联网企业的行业专家，面向大学生以及需要"充电"的在职人员，针对与互联网相关的产品设计、开发、运维、推广和运营等岗位，提供在线的直播和录播课程，并通过遍及全国的几十家线下服务中心提供现场面授以及多种形式的教学服务，并同步研发出版最新的课程教材。本书由肖睿、王曙光任主编，南洋、桑宇鹏、宋磊任副主编，其中王曙光编写第 1 章至第 3 章，南洋编写第 4 章至第 7 章，桑宇鹏编写第 8 章，宋磊编写第 9 章。

为培养互联网前端设计开发人才，课工场特别推出"前端开发工程师系列"教育产品，提供各种学习资源和支持，包括：

- 现场面授课程
- 在线直播课程
- 录播视频课程
- 案例素材下载
- 学习交流社区
- QQ 讨论组（技术、就业、生活）

以上所有资源请访问课工场（www.kgc.cn）。

本套教材特点

（1）科学的训练模式。

- 科学的课程体系。
- 创新的教学模式。
- 技能人脉，实现多方位就业。
- 随需而变，支持终身学习。

（2）真实的项目驱动。

- 覆盖 80%的网站效果制作。
- 几十个实训项目，涵盖电商、金融、教育、旅游、游戏等行业。

（3）便捷的学习体验。

- 每章提供二维码扫描，可以直接观看相关视频讲解和案例操作。
- 课工场开辟教材配套版块，提供素材下载、学习社区等丰富的在线学习资源。

读者对象

（1）初学者：本套教材将帮助你快速进入互联网前端开发行业，从零开始逐步成长为专业的前端开发工程师。

（2）初级前端开发者：本套教材将带你进行全面、系统的互联网前端设计开发学习，帮助你梳理全面、科学的技能理论，提供实用的开发技巧和项目经验。

课工场出品（www.kgc.cn）

课程设计说明

课程目标

读者学完本书后，能够顺利搭建 React 开发环境，使用 Flux 管理 React 数据，运用 React Router，并使用 React＋Redux 完成 TodoList 项目开发，顺利开启 React Native 开发之旅。

训练技能

- 能够搭建 Node.js 环境，熟练使用 Gulp。
- 能够搭建 React 开发环境。
- 能够使用 React＋Redux 开发独立功能。
- 能够使用 React Native 进行开发。

课程设计思路

本课程分为 9 章、5 个阶段来设计学习，即 Node.js 及 Gulp、React 与 Flux、React Router、Server Side Render 与 React Native 开发，具体安排如下：

- 第 1 章至第 3 章：了解前端发展历史、顺利安装 Node.js 环境、使用 Gulp，为 React 学习做好铺垫。
- 第 4 章至第 6 章：搭建 React 环境、使用 Flux 对 React 数据进行管理、使用 React＋Redux 完成一个项目实战——TodoList。
- 第 7 章：对 React Router 进行介绍，从原理、主要组件再到实际应用，最后讲述两个案例的实现——Sidebar 和 Modal Gallery。
- 第 8 章：对 Server Side Render 进行学习，掌握 React 应用服务器端渲染的方法和利弊，让任何搜索引擎的爬虫方便地抓取网站内容。
- 第 9 章：带领你走进 React Native 开发之旅，从开发环境搭建、第一个 React Native 程序到 Flexbox 布局，从 JSX 语法的应用到 React Native UI 组件的介绍与应用，一步一步领略 React Native 开发的奥秘与乐趣。

章节导读

- 本章技能目标：学习本章所要掌握的技能，可以作为检验学习效果的标准。
- 本章简介：学习本章内容的原因和对本章内容的概述。
- 内容讲解：对本章涉及的技能内容进行分析并展开讲解。
- 操作案例：对所学内容的实操训练。
- 本章总结：针对本章内容的概括和总结。
- 本章作业：针对本章内容的补充练习，用于加强对技能的理解和运用。

学习资源

- 学习交流社区（课工场）
- 案例素材下载
- 相关视频教程

更多内容详见课工场（www.kgc.cn）。

关于引用作品版权说明

为方便学校课堂教学、促进知识传播、使读者学习优秀作品，本书选用了一些知名网站的相关内容作为知识引入和案例等。为了尊重这些内容所有者的权利，特在此声明：凡书中涉及的版权、著作权、商标权等权益均属于原作品版权人、著作权人、商标权人。

为维护原作品相关权益人的权益，现对本书选用的主要作品的出处给予说明（排名不分先后）。

序号	使用或访问资源
1	http://facebook.github.io/flux/
2	https://nodejs.org/en/
3	阮一峰的博客

由于篇幅有限，以上列表中可能并未全部列出本书所选用的作品。在此，衷心感谢所有原作品的相关版权权益人及所属公司对职业教育的大力支持！

2017 年 8 月

目 录

第 1 章

前端的发展之路

本章技能目标

- 了解前端发展趋势
- 了解前端 MV*框架的对比
- 了解 React 的优势
- 为 React 的学习做准备

本章简介

前端开发的高速发展推动了各种框架和工具的出现，前端发展基本经历了如下几个时代：

- IE6 时代：前端大部分的痛点都在兼容低版本的浏览器上。
- Web 2.0 时代：从 jQuery 这种 lib 框架开始转向 MV*分层模式上，移动端开发也日益增多。
- Node.js 时代：围绕前端工程化体系，集成环境的搭建工具、构建工具一个接着一个产生。
- 跨端时代：React Native 等框架出现，可以实现一份代码来跨客户端开发。

本章会通过比较来看一下 React 的优势和需要准备的学习内容。

1 前端的各个时代

这几年，前端的受关注度越来越大，前端框架和相关技术工具等日新月异。我们也从 PC 端浏览器应用慢慢地过渡到移动端浏览器应用，再到客户端混合应用，以及以 React Native（简称 RN）和 Weex 为代表的跨端框架。

下面介绍前端发展经历的几个时代。

1.1 IE6 时代

还记得 IE6 的那些兼容规则吗？现在看，应该还是有很多前端开发者在和它打交道。

在这个时代里面，我们更注重页面构建（HTML + CSS），更多精力花费在低版本浏览器的兼容性上，基本包含：

- 样式 CSS 的兼容性。
- 脚本 JavaScript 的兼容性。

导致兼容性问题的主要影响因素：PC 时代大部分使用环境基本都是内置了 IE 浏览器的 Windows 计算机，由于 IE 浏览器和谷歌、火狐在内核和标准上存在差异，而且对 ECMAScript 的支持力度偏弱，因此导致各浏览器存在兼容性问题。

这个时代的前端还处于特别早期，需要的技能相对较基础，调试和开发工具比较单一，面对更多的是 PC 的浏览器环境。

1.2 Web 2.0 时代

这个时代的前端开始由 PC 转向移动端，也开始出现前端 MV*分层框架的新模式，更多关注 UI 视图和数据的绑定。

高级浏览器开始覆盖更多的用户使用场景，而不只是 IE 浏览器，比如谷歌的 Chrome、火狐的 Firefox、苹果的 Safari 等。

加上移动端开发工作越来越多，我们开始关注移动浏览器的适配性。

jQuery、Zepto 等兼容性的库开始流行，基本都使用它来磨平不同浏览器之间的差异，这里主要是脚本的兼容性。

慢慢地前端开发者也开始关注用户界面（UI）和数据之间的绑定关系，开始学习后端语言的框架设计，开始考虑分层，引入了 MV*的概念。

1. MVC

一般分为 Model（模型）、View（视图）和 Controller（控制器）。View 一般通过 Controller 来和 Model 进行联系，不直接联系。而且各个方向都是单向的。

2. MVP

将 Controller 改成了 Presenter，View 一般通过 Presenter 来和 Model 进行联系，不直接联系。

3. MVVM

将 Controller 改成了 ViewModel，View 一般通过 ViewModel 来和 Model 进行联系，不直接联系。而且 View 的变化会自动更新到 ViewModel，ViewModel 的变化也会自动同步到 View 上显示。

越来越多的前端框架采用不同的分层模式，它们各有自己独特的优势和应用场景，而且随着 ECMAScript 的标准化，更多的开发者开始使用 ES6 来简洁高效地编写代码。前端开发者使用的工具也开始多样化，并使用工具完成代码合并、压缩等功能。

第 4 章将会重点介绍几种分层模式的区别。

1.3　Node.js 时代

随着 Node.js 的发展，前端开始进入了一个新时代，开发者可以编写命令行工具，搭建本地开发环境，通过构建将资源进行打包合并来优化前端加载等性能指标。

1.3.1　服务

开发者可以通过 Node.js 的内置核心包 http 来搭建一个本地服务：

● 可以是静态文件服务，指向一个固定目录，然后逐级访问。

● 可以是 API 服务，支持 GET、POST 等常见方法，返回 json 数据。

● 可以通过如同 request 这个第三方工具包来进行数据转发。

● 可以搭建 Mock 服务，生成配置化数据。

● 可以和数据存储媒介进行通信。

第 2 章将会重点介绍与服务相关的核心包和第三方工具包。

1.3.2　构建

前端随着 Node.js 的诞生，开始不断地出现构建工具，来处理打包压缩合并等工程化问题。在命令行显示 Gulp 的帮助（help）内容如图 1.1 所示。本书第 3 章中会重点介绍 Gulp。

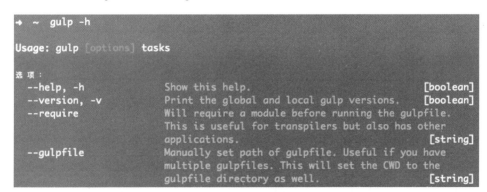

图 1.1　Gulp 命令行 help

除了 Gulp，还有很多类似的构建类工具，例如：

● Grunt——最早的构建类工具，曾经和 yo、bower 并驾齐驱。

- webpack——目前比较流行的配置型且基于 loader 的构建工具。
- FIS——由百度 FEX 团队研发的构建工具。

1.4　跨端时代

JavaScript 的应用越来越广泛。随着 Facebook 推出 React Native 以及阿里推出 Weex 等，开发者可以用 JavaScript 来开发客户端应用，实现跨端（iOS、Android）开发。

在 React Native 里面，可以通过安装 Node.js 和 Xcode 等工具来开发 iOS 应用。因为 React Native 和 React 都来自于 Facebook，所以 React Native 很多语法都基于 React，如果开发者会使用 React 相关技术，那么相对的开发成本会比较低。

2　MV*框架的发展

随着 Angular 等前端框架的出现，前端开始流行一个词汇：MV*。本词最早在 Java 等后端语言里面出现。

接下来，就从支持的特性角度对各种常见的 MV*框架进行一一介绍。

2.1　Angular

Angular 来自谷歌，应用于复杂交互系统，目前的版本还在升级，已经到了版本 5。版本 1 和版本 2 的差别比较大，从版本 2 开始推荐采用 TypeScript 进行开发。

支持的特性有以下几种：

（1）指令。在模板层面拓宽了一些能力，比如：
- 循环
- 逻辑判断
- 隐藏和显示
- 样式
- 组合模板的嵌套

（2）双向绑定。模板和数据支持绑定，当数据发生变化的时候，模板 HTML 自动更新。

（3）过滤器或者管道。版本 1 里面称为过滤器，版本 2 开始称为 Pipe（管道）。这也是模板层面的扩展，支撑内置和自定义，主要处理一些数据转换。

（4）低版本兼容性。因为应用了一些 ES 特性，所以从 1.3 版本开始不支持 IE8。

（5）服务器端渲染。从版本 2 开始支持服务器端渲染。整体 Angular 对前端开发者学习成本较大，开始的版本 1 也比较臃肿，但是从版本 2 开始做了很多突破，比如拆分 core 的包来减少体积，以及重写脏数据监听机制来提升性能。

2.2　Vue.js

Vue.js 上升势头迅猛，是专注于视图层的轻量库。

支持的特性有以下几种：

（1）数据绑定。输出的目标文件夹路径会写入文件。如果文件夹不存在，会通过 mkdir-p 这个工具包来自动创建。

（2）指令。和 Angular 类似，在模板上面支持内置指令和自定义指令，比如：

- 循环
- 逻辑判断
- 隐藏和显示
- 样式
- 组合模板的嵌套

（3）组件系统。采用.vue 的单文件，里面包含样式、模板和脚本。同时模板和样式都支持预编译，脚本也支持 ES6 等高级语法，最终通过 Babel 来编译。

（4）构建相关。目前推荐采用基于 webpack 的 vue-loader 来进行.vue 文件的解析和预编译。

2.3　React

React 来自 Facebook，采用特殊的 JSX 语法，依赖 Virtual DOM，也支持服务器端渲染。支持的特性有以下几种：

（1）JSX。它比模板引擎更强大，但是需要转换器转换成 JavaScript。

（2）服务器端渲染。React 很早就考虑了服务器端渲染。

（3）组件。在 React 中，页面中的元素都可以是组件，也支持对应的生命周期钩子函数。

（4）跨端。随着 React Native 的开源，已可以开发跨 Android 和 iOS 的 App。

关于更多 React 的内容会在第 4 章详细介绍。

2.4　Polymer

Polymer 来自谷歌，是最早 Web Component 的规范方案的推崇者和实现者，但是需要很多 Polyfill 来磨平浏览器的差异，最终导致体积较大。

支持的特性有以下几种：

（1）数据绑定。可实现模板和数据源的绑定。

（2）Shadow DOM。这是可选参数，是一个数组，可以指定一个或多个对应依赖的任务名称。

（3）组件。和 Vue.js 类似，它把模板和脚本放到一个文件中。

2.5　Riot

Riot 被称为 React-like 的 MVP 框架，包的体积很小（不到 10KB），内置了路由功能。支持的特性有以下几种：

（1）绑定。默认模板变量和数据是单向绑定。

（2）Virtual DOM。支持 Virtual DOM。

（3）组件。

● 提供了自定义的生命周期钩子函数以方便开发使用。

● 支持主流的预编译工具集成。

● 支持自定义标签，放到.tag 文件中，采用<script>标签并设置属性 type="riot/tag"来加载编译。

● HTML、JavaScript、CSS 混合在一个文件中。

（4）服务器端渲染。支持服务器端渲染。

2.6　Backbone.js

Backbone.js 是较早的大型框架，除了 View 之外，还提供 Collection、Model 和 Router。除了一些较老的项目，目前在实际开发过程中，Backbone.js 已经开始被其他诸如 React 等淘汰。

通过以上的几种框架对比，我们也大概了解了它们各自包含的特性，可以针对不同的场景进行框架的选择：

● 如果在移动端，对库文件大小要求比较高，可以选择 Riot。

● 如果是 PC 运营系统或者国内很流行的 H5 编辑器平台，处理数据联动和流转的场景，推荐使用 React、Vue.js 和 Angular。

● 虽然 Angular 1 之前体积臃肿，但是在 Angular 2 以后的版本还是做了很多提升。

3　React 包含哪些

上面以对比的方式简单罗列了几点 React 支持的特性，下面通过四部分来一一介绍。

3.1　虚拟 DOM

它是 React 的核心机制，通过创建虚拟 DOM 元素来减少对实际 DOM 元素的操作，从而提升性能。

一般来讲，在用户界面（UI）存在着以下事件：

● 用户行为的事件：键盘操作、鼠标操作等。

● 服务器端响应的事件：和服务器端数据 API 通信的交互。

很多前端框架开始关注一个问题：用户界面（UI）的状态和数据模型的同步，所以出现了围绕双向绑定的各种前端框架：

● Key-Value Observing：如 Backbone 等。

● Angular 1 推出的概念：脏值检测。

React 提出了一个不同的解决方案：虚拟 DOM。它是存储在内存中的真实 DOM 的映射，通过如下步骤处理 UI 状态和数据模型的同步：

● 只要数据状态变化，虚拟 DOM 会将 UI 重新绘制。

● 计算虚拟 DOM 之间的差异。

- 更新到真实的 DOM 中去。

3.2　JSX

类似 HTML 的高级语法糖，最终会通过转化器变成 JavaScript。设计 JSX 的初衷其实是期望用更直观的语法糖来描述 React 的内部 DOM 结构。它和 HTML 类似，但是有如下差异：

- 出现了类似模板分隔符的大括号。
- 出现了 JavaScript 表达式。
- 支持事件，但是用 onClick。
- 部分属性差异：className 大写。

当然也可以不选择 JSX 来编写 React 代码。虽然一开始会不习惯，但是从开发效率角度来讲，推荐使用 JSX。

3.3　render 函数

render 函数是 React 里面最基本的函数，可以用来设置返回值。

下面来看一段包含 render 函数的代码示例。

```
class Button extends Component {
  render() {
    return (
      <button onClick={this.handleClick}
        style={this.props.style}
        disabled={this.state.disabled}
        className={className}>
          { this.props.children }
      </button>
    )
  }
}
```

render 函数负责告诉 React 如何渲染组件，可以返回：

- null 或者 false——不渲染任何内容。
- React 组件——渲染 ReactElement。

通过上面的代码示例返回了 React 组件，里面是类似的 HTML 片段。当然在 render 函数里面也可以增加逻辑判断，返回对应不一样的内容。下面来看一段包含逻辑判断的 render 函数的代码示例。

```
class Input extends React.Component {
  render() {
    if (this.props.type === 'text') {
    } else if (this.props.type === 'textarea') {
    }
  }
}
```

上面的代码示例中，在 render 函数里可以访问 this.props，它从语义上可以理解为传递给 HTML 元素的属性，是一个对象。开发者可以通过 this.props 来访问所有的属性。

3.4 组件

在 React 开发中，一切皆组件，组件是可以互相嵌套而且是有状态的。关于组件，有如下需要提前了解的概念：

（1）父子组件。组件本身很容易存在组合，一个父组件套了好几个子组件。

（2）组件生命周期。组件在不同时期会暴露对应的钩子函数，4.1 节会展开叙述。

（3）state。当 state 对应的值发生变化的时候，组件会触发重新渲染。其值可以通过 this.state 来获取。

（4）props。组件接受的属性数据可以是一个对象。props 一般存放一些组件实例的不变信息，其值可以通过 this.props 来获取。

4 准备学习 React

当知道了以上 React 的一些概念之后，学习 React 还需要重点关注下面要讲述的内容。

4.1 组件生命周期

大部分的组件系统都存在生命周期，熟悉生命周期有利于学习第三方库的集成。React 的生命周期包括下面几个阶段，在这些阶段开发者可以通过一些方法来处理不同的事情。

1. 挂载（Mount）

将组件插入到 DOM 中，生成 DOM 结构。

在挂载阶段，常使用如下方法：

（1）getInitialState。这里可以设置组件的初始 state。

（2）componentWillMount。其在即将插入 DOM 的时候被调用。

（3）render。其负责设置 React 返回的是组件还是空。

（4）componentDidMount。其在插入 DOM 之后被调用，可以获取 DOM 元素，一般用来整合其他类库，比如 jQuery 的 Ajax 请求可以在这里定义。

2. 更新（Update）

当状态发生改变的时候，需要判断，然后更新到之前的 DOM 中。

在更新阶段，常使用如下方法：

（1）componentWillReceiveProps。当组件接收到新的属性值时被调用，有一个参数 nextProps 可以和 this.props 作比较。

（2）shouldComponentUpdate。可以决定是否触发组件的重新渲染。

（3）componentWillUpdate。即将更新 DOM 之前触发，有两个参数：nextProps 和 nextState。

（4）render。其负责设置 React 返回的是组件还是空。

（5）componentDidUpdate。当更新 DOM 之后触发，有两个参数：prevProps 和 prevState。

3．卸载（Unmount）

当需要删除和销毁组件的时候可以调用 componentWillUnmount 方法。一般在设计组件的时候都会加上它，来删除对应的数据和事件等。

4.2　ES6

随着越来越多有用的语法特性的出现，开发者在编写 React 相关的代码时基本采用 ES6 写法，下面列举一些常用的写法。

1．解构

加载模块的时候可以定义对应的方法赋值给变量。代码片段如下：

```
import React, { Component, PropTypes } from 'react';
```

2．class

在创建 React 组件的时候可以采用 class。代码片段如下：

```
class Button extends Component {
  constructor (props) {
    super(props);
    this.state = {
      disabled: props.disabled
    };
    this.handleClick = this.handleClick.bind(this);
  }
  render() {
    return (
      <button onClick={this.handleClick}
        style={this.props.style}
        disabled={this.state.disabled}
        className={className}>
        { this.props.children }
      </button>
    );
  }
}
```

上述代码中，在创建一个 React 组件的时候就用到了以下方法：

（1）继承。所有的 React 组件都通过关键字 extends 继承 Component。

（2）构造方法。constructor 方法里面的 this 关键字代表实例对象，可以为 this 赋值事件方法。

4.3　NPM

NPM（Node Package Manager）是 Node.js 的包管理工具，开发者可以通过它来安装一些依赖，比如 react 包和 react-dom 包等。

在第 2 章会重点介绍 Node.js 的环境安装，以及一些常用的 NPM 操作的命令和语法。开发者也可以通过 package.json 来指定这些依赖包的版本，很方便地进行管理。

4.4　Babel

可以通过 Babel 来编译 ES6 和 JSX。它是可以将 ES6 代码转换为 ES5 代码的转换器。比如在写 React 代码时出现了箭头函数等，就可以通过 Babel 把它编译成 ES5 代码。

一般通过.babelrc 文件来进行配置，代码示例如下：

```
{
    "presets": ["react", "es2015-loose"],
    "plugins": [""]
}
```

下面介绍一下如何配置文件中的两项：presets 和 plugins。

1．presets

设置转码规则。官方提供了一些默认的规则，这些规则需要默认安装，配置 package.json 文件如下：

```
{
    "devDependencies": {
    "babel-preset-es2015-loose": "~7.0.0",
    "babel-preset-react": "~6.5.0",
    }
}
```

执行如下命令：

```
$ npm i
```

2．plugins

（1）设置插件，比如：transform-object-rest-spread。

（2）在线转换：Babel 支持在线编译网站，可以直观地看到用户编写的 ES6 代码转换为 ES5 代码。

（3）Babel 和 ESLint 的结合：ESLint 是用于静态代码检查的工具，它可以非常快捷地和 Babel 集成在一起。

```
{
    "devDependencies": {
    "babel-eslint": "~5.0.0"
    }
}
```

执行如下命令：

```
$ npm i
```

3.2 节中提到了 React 发明了类似但高于模板的 JSX 高级语法糖，但是它依然需要编译。推荐使用 Babel 来编译。

4.5　Gulp

通过 Gulp 来搭建开发环境并完成编译任务。在构建工具中，我们选择了 Gulp 作为本书中前端工程化的工具来具体介绍。

　　读者也可发现 React 很多插件都是用 Gulp 来构建的，比如后面会提到的 Flux 等。在本地开发过程中，需要构建工具启动服务、编译 JSX（使用 browserify 和 babelify）。在第 3 章里也会非常详细地介绍 Gulp 的 API 以及很多常用的 Gulp 插件的使用。

本章总结

- 前端开发技能的变化和要求。
- 包含 React 在内的 6 个 MV*框架的特性。
- 在 React 里面需要学习如下核心部分：虚拟 DOM、JSX、render 函数以及组件生命周期。
- 了解 React 周边的工具：ES6、NPM、Babel、Gulp。

本章作业

1. React 中的 JSX 是什么？它和一般的 HTML 有什么区别？
2. Babel 通过什么文件来配置？
3. ES6 有哪些基础特性？
4. Babel 里面如何配置 JSX 的编译？
5. Gulp 是做什么的？
6. React 的生命周期有哪些阶段？
7. NPM 有哪些功能？
8. React 的 render 函数有什么用？

第 2 章

Node.js 环境搭建

本章技能目标

- 了解 Node.js 的使用场景和发展历程
- 了解包管理工具 NPM 的使用
- 熟悉常用的内置核心包的使用
- 熟悉常用的第三方 NPM 工具包的使用
- 学会用 package.json 进行依赖管理
- 学会自己发布一个工具包到官网

本章简介

　　本章主要介绍 Node.js 的历史发展、应用场景和安装方法，同时也介绍 Node.js 的包管理工具 NPM 的使用方式，还会介绍内置的核心包具体的使用场景以及一些比较常用的第三方 NPM 工具包来方便读者处理一些类似场景的问题，最后会介绍如何发布一个自己编写的工具包。

1 Node.js 介绍

以下是官网上面的一段描述：

Node.js® is a JavaScript runtime built on Chrome's V8 JavaScript engine. Node.js uses an event-driven, non-blocking I/O model that makes it lightweight and efficient. Node.js' package ecosystem, npm, is the largest ecosystem of open source libraries in the world.

Node.js 是 JavaScript 在谷歌浏览器 V8 引擎上的运行环境，基于 V8 的事件驱动 I/O。V8 JavaScript 引擎是谷歌用在自己的浏览器的底层 JavaScript 引擎。谷歌用 V8 创建了一个用 C++ 语言编写的超快解释器，可以下载它并把它嵌入在任何应用程序里面。

Node.js 包管理工具的诞生促进了 Node.js 生态圈的繁荣，下面先来了解一下 Node.js 的发展历程。

- 2009 年 2 月，Node.js 的创始人 Ryan Dahl 在博客上宣布，准备基于 V8 创建一个轻量级的 Web 服务器并提供一套基础库。
- 2009 年 5 月，Ryan Dahl 在 GitHub 上发布最初版本的部分 Node.js 包。
- 2009 年 11 月，JSConf 大会安排了 Node.js 的讲座。
- 2011 年 7 月，Node.js 在微软支持下发布了 Windows 版本。
- 2012 年 1 月，Ryan Dahl 将掌门身份转交给了 Issac Z. Schlueter。
- 2013 年 6 月，Node.js v0.10.11 发布。
- 2015 年 5 月，io.js 项目 TSC 加入 Node.js Foundation 而且合并到 Node.js。

1.1 Node.js 安装

需要在本地安装 Node.js 环境，可以通过如下几种方式完成：

（1）官网一键安装。打开官网（https://nodejs.org），找到如图 2.1 所示的内容，官网可自动识别系统，只要单击相应按钮，就可以完成 Node.js 和包管理工具 NPM 的自动安装。

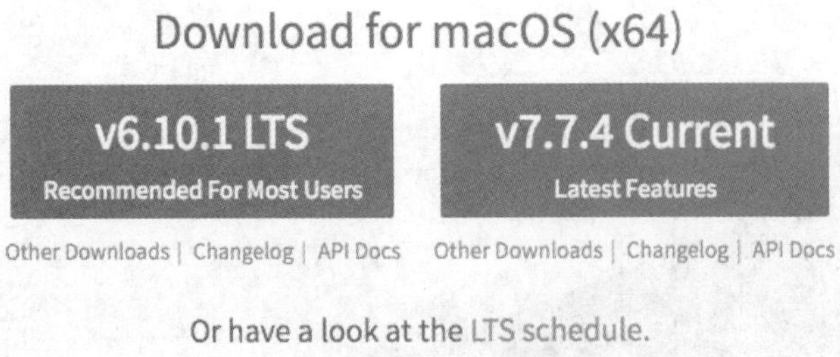

Download for macOS (x64)

v6.10.1 LTS
Recommended For Most Users

v7.7.4 Current
Latest Features

Other Downloads | Changelog | API Docs   Other Downloads | Changelog | API Docs

Or have a look at the LTS schedule.

图 2.1　官网一键安装

（2）Brew 安装。在命令行输入如下命令：

```
$ brew install node
$ brew install npm
```

当然如果本机没有安装 Homebrew，可以去 http://brew.sh 下载，也可以通过下列命令进行安装：

$ /usr/bin/ruby -e "$(curl -fsSL https://raw.githubusercontent.com/Homebrew/install/master/install)"

这种方式相对依赖 brew 这个工具本身，所以需要提前安装。

（3）N 安装。N 是 Node.js 的版本管理器，可以使用它来安装多个版本的 Node.js。因为有时候需要本机存在多个新老版本的 Node.js 来测试不同的功能。

需要用 NPM 全局安装最新版本的 N：

$ npm install -g n

目前线上最新的版本是 2.1.6，本示例安装的版本为 2.1.5。

Mac 上安装 N 成功后会如图 2.2 所示。

```
/usr/local/bin/n -> /usr/local/lib/node_modules/n/bin/n
/usr/local/lib
└── n@2.1.5
```

图 2.2　安装 N 成功

成功安装 N 后，执行如下命令安装 6.9.4 版本的 Node.js：

$ n i 6.9.4

具体如图 2.3 所示，N 会去自动下载对应版本的包。

```
install : node-v6.9.4
  mkdir : /usr/local/n/versions/node/6.9.4
  fetch : https://nodejs.org/dist/v6.9.4/node-v6.9.4-darwin-x64.tar.gz
```

图 2.3　安装 node-v 6.9.4

（4）NVM 安装。NVM 是 Node.js 的版本管理器，可以使用它来安装多个版本的 Node.js。它的官网地址为 http://nvm.sh。

需要先安装 NVM，以苹果系统为例，一般比较常用的安装方式如下：

$ curl -o- https://raw.githubusercontent.com/creationix/nvm/v0.33.2/install.sh | bash

然后，在最外层根目录执行如下命令：

$ vim ~/.bash_profile

添加如下代码：

```
export NVM_DIR="$HOME/.nvm"
[ -s "$NVM_DIR/nvm.sh" ] && \. "$NVM_DIR/nvm.sh"   # This loads nvm
[ -s "$NVM_DIR/bash_completion" ] && \. "$NVM_DIR/bash_completion"   # This loads nvm
    bash_completion
```

然后执行如下命令，查看是否安装成功：

$ nvm --version

如果命令行输出版本号，即表示成功，比如这里安装的是：

$ 0.33.2

依图 2.4 所示可检查 NVM 是否安装成功。

下面介绍安装完 NVM 后如何安装某个版本的 Node.js。

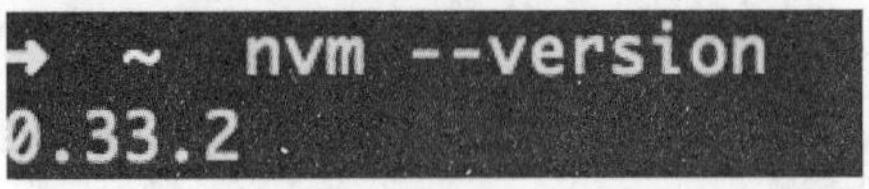

图 2.4　检查 NVM 是否安装成功

可执行如下命令安装 6.9.5 版本的 Node.js：

```
$ nvm i 6.9.5
```

安装完毕后，可在命令行中通过如下命令判断 Node.js 是否安装成功：

```
$ node -v
```

或者：

```
$ node --version
```

如果出现类似"$ v6.9.5"的提示就表示安装成功了。

然后，通过如下命令就可使用安装后的 6.9.5 版本的 Node.js 了：

```
$ nvm use6.9.5 //nvm use  命令可以切换当前使用的 Node.js 版本
```

很多人会好奇，到底 Node.js 安装到哪里了？

下面就以苹果系统为例，介绍一下如何查看 node 命令的目录。

输入命令如下：

```
$ which node
```

苹果系统一般返回/usr/local/bin/node。

1.2　模块化

Node.js 按照 CommonJS 规范，采用模块化方式来组织文件。模块和文件一一对应，一个文件就是一个模块。

下面通过对 CommonJS 规范的讲解和运用 require 方法来加载模块。

1.2.1　CommonJS 规范

在 CommonJS 规范中，每一个文件都是一个独立的模块，可通过 module.exports 来导出模块的属性。

每一个模块都有自己的作用域，在模块里面定义的变量都是私有的。

下面就通过 module.exports 来创建一个模块 test，对外导出 name。

新建一个 test.js 文件，代码示例如下：

```
exports.name = 'kgc';
```

1.2.2　require 方法

require 方法可以用来加载指定路径的模块文件，而且路径中可以忽略文件的后缀。

它的作用其实很简单：根据指定路径来读取模块文件，返回该模块的 exports 对象。

下面使用 require 方法来加载上面那个同级目录下的 test 模块，具体代码片段如下：

```
var testmodule = require('./test.js');
```

来看一下 testmodule，它其实是一个对象：

```
{ name: 'kgc' }
```

下面来看一下 require 方法的参数，一般分以下两种情况：

- 参数含有文件路径：通过相对路径去找文件，如上面的参数 ./test.js 就去同级目录找 test.js 文件。
- 参数不含文件路径：去 node_modules 里面找文件，如核心模块 fs 就直接使用即可。后面会详细介绍哪些是核心模块。

1.2.3 综合案例分析

需求：加载一个 math 模块，调用它的 add 方法（下面的示例中，会在 index.js 文件中调用 math.js 对外暴露的 add 方法）。

首先，通过自定义模块的方式来创建 math.js。可以自定义一个 math.js 文件，对外暴露一个 add 方法。

具体代码片段如下：

```
//math.js
//通过 module.exports 对外暴露一个 add 方法
module.exports = function add(a, b) {
    console.log(a + b);
};
```

然后定义 index.js 文件，执行如下操作：

```
//通过 require 方法加载相对同级目录下的 math.js
var add = require('./math.js');
//执行 add 方法
add(1,2)
```

最后，在命令行输入如下命令：

```
$ node index.js
```

直接输出 3。

代码分析和回顾：上面的代码示例中定义了一个模块 math.js，通过 module.exports 对外暴露了一个 add 方法，接收两个参数，再打印两个参数的和，然后在主文件 index.js 里面通过 require 方法来加载同级路径的 math.js，这样就可以调用里面的方法了。

这里再介绍一下如何用 Node 命令行执行文件。可以直接在命令行执行 index.js，具体代码片段如下：

```
$ node index.js
```

1.3 核心模块

除了自定义模块外，Node.js 还提供了核心模块，不需要额外下载安装。因为 Node.js 源码编译的时候把它们编译进安装包的二进制执行文件中，加载速度最快。

下面将一一介绍 Node.js 里有哪些内置的核心模块，以及它们具体都有什么功能。

1.3.1 http

http 模块是最常用的模块之一，作用是提供 HTTP 服务，比如可以创建一个本地服务等。

案例分析：创建一个监控 3000 端口的服务，输出文本内容"hello nodejs by kgc"。

具体实现：

```
//引入核心模块 http
var http = require('http');
//通过实例化创建一个服务
var server = new http.Server();
//监听 request 事件，注册回调
server.on("request",function(req, res) {
    //写入 http header
    res.writeHead(200,{
        "content-type":"text/plain"
    });
    res.write("hello nodejs by kgc");
    res.end();
});
//设置服务监听的端口号 3000
server.listen(3000);
```

打开浏览器访问http://localhost:3000/，可以看到页面输出了如下内容：

```
hello nodejs by kgc
```

1.3.2 fs

fs 模块也是最常用的模块之一，作用是处理文件系统相关操作，比如读写文件等，同时支持同步和异步 API。

加载 fs 模块，代码如下：

```
var fs = require('fs');
```

案例分析：判断指定路径的文件是否存在。

具体实现：

```
//调用 existsSync 方法
fs.existsSync(filepath);
```

可以通过 existsSync 方法来判断一个文件是否存在。

当然 fs 模块有很多有用的 API 同时支持同步和异步方法，表 2-1 所示为推荐的最为常用的 API。

表 2-1　fs 模块常用 API

常用 API	作用
writeFile()	往指定路径去写文件
mkdir()	创建指定目录
readFile()	读取文件
readdir()	读取目录

1.3.3 path

path 模块主要用来处理与文件路径相关的操作，比如获取文件后缀等。

案例分析：获取指定路径的目录名。

具体实现：

加载 path 模块代码，如下：

```
var path = require('path');
//调用 dirname 方法
path.dirname('./a/b/c.js');
```

返回指定 path 参数的目录名，具体如下：

```
'./a/b'
```

path 模块常用 API 如表 2-2 所示。

表 2-2　path 模块常用 API

常用 API	作用
extname(path)	返回指定 path 的扩展名
basename()	返回 path 的最后一部分

1.3.4 querystring

querystring 模块主要用来处理 URL。

案例分析：对一个对象进行字符串转换。

具体实现：

加载 querystring 模块，代码如下：

```
var querystring = require('querystring');
//调用 stringify 方法
querystring.stringify({ name: 'kgc'})
```

返回字符串：'name=kgc'。

1.3.5 crypto

crypto 模块主要用来处理加密和解密。

案例分析：对文件进行 md5 操作。

具体实现：

加载 crypto 模块，代码如下：

```
var crypto = require('crypto');
function md5(filepath) {
    //调用 createHash 方法，创建 Hash 实例
    var hash = crypto.createHash('md5');
    //调用 update 方法来将字符串相加
    hash.update(filepath);
    //调用 digest 方法，传入 hex，进行加密
```

```
        return hash.digest('hex');
    }
```

1.3.6 util

util 模块主要提供了一些内置的常用工具类方法。

案例分析：对参数进行日期格式验证。

具体实现：

加载 util 模块，代码如下：

```
var util = require('util');
//调用 isDate 方法
util.isDate(obj)
```

如果是日期，返回 true，反之返回 false。

util 模块常用 API 如表 2-3 所示。

表 2-3　util 模块常用 API

常用 API	作用
isArray()	判断参数是否是数组
isString()	判断参数是否是字符串
isObject()	判断参数是否是对象
isBuffer()	判断参数是否是 Buffer
isBoolean()	判断参数是否是 Boolean
isNumber()	判断参数是否是 Number
isFunction()	判断参数是否是 Function
isRegExp()	判断参数是否是 RegExp
isNull()	判断参数是否是 Null
isNullOrUndefined()	判断参数是否是 Null 或者 Undefined
isUndefined()	判断参数是否是 Undefined
isError()	判断参数是否是 Error
format()	返回特定格式的字符串
inherits()	实现对象间原型继承

1.4　第三方模块

除了上面讲到的内置的不需要安装的核心包之外，在 Node.js 的生态圈还有很多特别有用的第三方工具包，不过这些工具包在使用之前需要通过 NPM 提前安装。

1.4.1　request

功能：类似网页开发中常用于数据获取的 Ajax 方法，一般用来发送请求。

注意：需要手动安装。

案例分析：发送一个 Get 请求。

具体代码片段：

```
//设置一个服务地址
var searchUrl = ' ***';
//调用 request.get 方法来发送请求
request.get(searchUrl, function optionalCallback(err, httpResponse, body) {
//这里可以获取响应的结果
})
```

1.4.2　async

功能：流程控制框架，比如多个任务执行的时候，可以通过串行或者并行方式来执行任务。

注意：需要手动安装。

案例分析：串行执行多个方法。

具体代码片段：

```
//调用 parallel 方法，串行执行多个方法
async.parallel([
    function (cb) {
    //...
    },
    function (cb) {
    //...
    }
], function (err, results) {
    //...
});
```

1.4.3　commander

功能：可以利用它快捷地编写一个命令行工具。

注意：需要手动安装。

案例分析：编写一个命令行工具。

具体代码片段：

```
//设置特殊的文件头
#!/usr/bin/env node
var program = require('commander');
//调用 option 和 parse 方法
program
//支持-n 的扩展项，来输出对应的内容
.option('-n --name', 'show name')
.parse(process.argv);
```

```
//和上面的option 配合
if (program.name) console.log('show name');
```

通过 parse 方法可以解析传递的参数，当输入$ ./kgc -n 时会产生一个 program 的对象，内容如下：

```
Command {
  commands: [],
  options:
  [ Option {
        flags: '-n --name',
        required: 0,
        optional: 0,
        bool: true,
        short: '-n',
        long: '--name',
        description: 'show name' } ],
  _execs: [],
  _args: [],
  _name: 'kgc',
  Command: [Function: Command],
  Option: [Function: Option],
  _events: { name: [Function] },
  _eventsCount: 1,
  rawArgs:
  [ '/usr/local/bin/node',
      '/Users/zhangyaochun/felabs/kgc/kgc_tool/kgc',
      '-n' ],
  name: true,
  args: [] }
```

可发现 program.name 此时为 true，打印出：

```
show name
```

1.4.4　html-minifier

功能：可以配置一些规则来压缩 html 内容。

注意：需要手动安装。

案例分析：压缩一段 html 内容。

具体代码片段：

```
//引入依赖 html-minifier
var minify = require('html-minifier').minify;
//调用 minify 来压缩一段 html 内容
var result = minify('<p>This is from kgc</p>');
```

核心点还是调用 html-minifier 的 minify 方法。

1.4.5　less

功能：编译 less 文件，生成 css 文件。

注意：需要手动安装。

案例分析：编译 a.less 为 a.css。

全局安装：

$ npm install less -g

可执行如下命令查看与 lessc 相关的命令 help（如图 2.5 所示）：

$ lessc -h

```
If source is set to `-' (dash or hyphen-minus), input is read from stdin.

options:
  -h, --help              Prints help (this message) and exit.
  --include-path=PATHS    Sets include paths. Separated by `:'. `;' also suppor
ted on windows.
  -M, --depends           Outputs a makefile import dependency list to stdout.
  --no-color              Disables colorized output.
  --no-ie-compat          Disables IE compatibility checks.
  --no-js                 Disables JavaScript in less files
  -l, --lint              Syntax check only (lint).
  -s, --silent            Suppresses output of error messages.
  --strict-imports        Forces evaluation of imports.
  --insecure              Allows imports from insecure https hosts.
  -v, --version           Prints version number and exit.
```

图 2.5　lessc -h 命令

下面来创建一个 a.less 文件，里面应用了变量语法。

```
//a.less 文件
@color: red
.test {
    color: @color;
}
```

通过如下命令可以把 a.less 编译为 a.css：

$ lessc a.less a.css

编译之后如下：

```
.test {
    color: red;
}
```

1.4.6　lru-cache

功能：应用最少算法来存储对象。

注意：需要手动安装。

案例分析：设置一个最大为 50 的 cache 对象，并设置 key 和 value。

具体代码片段：

```
//引入依赖 lru-cache
var LRU = require("lru-cache"),
cache = LRU(50);
cache.set("key", "value")
```

这里调用了 cache 对象的 set 方法来设置 key 和对应的 value。

1.4.7　qs

功能：一般用来解析浏览器地址中的 query，把它们转换成对象。

注意：需要手动安装。

案例分析：解析一个'a=c'的字符串，输出对象格式。

具体代码片段：

```
//引入依赖 qs
var qs = require('qs');
//调用 parse 方法
var obj = qs.parse('a=c');
```

输出：{ a: 'c' }。

1.4.8　rimraf

功能：类似命令行的 rm -rf，用于删除目录或文件。

注意：需要手动安装。

案例分析：删除一个指定目录。

具体代码片段：

```
//引入依赖 rimraf
var rimraf = require('rimraf');
//定义一个目录或者文件地址
var filepath = '***';
//调用 rimraf.sync 方法删除
rimraf.sync(filepath);
```

1.4.9　shelljs

功能：用来调用 shell 的常用命令。

注意：需要手动安装。

案例分析：检测 git 是否安装成功。

具体代码片段：

```
//引入依赖 shelljs
var shell = require('shelljs');
//调用 which 方法来检测
if (!shell.which('git')) {
    //调用 exit 方法来退出
    shell.exit(1);
}
```

1.4.10　yargs

功能：一般用于处理命令行参数。

注意：需要手动安装。

案例分析：编写一个 tsc 命令行工具，并解析参数，输出内容。

具体代码片段：

```
#!/usr/bin/env node
//引入依赖 yargs
var argv = require('yargs')
  .alias('n', 'name')
  .argv;
console.log('tgc say hello to', argv.n);
```

命令行执行：

```
tsc -n  zyc
```

会输出：tgc say hello to zyc。

2　Node.js 调试

在浏览器端，一般都是借助浏览器的开发者工具进行单步调试，那么编写的 Node.js 代码如何调试呢？

2.1　GUI 方式——Node Inspector

Node Inspector 是在 Node.js 开发中必备的调试工具，一般在代码里面增加 debugger 关键字，然后通过命令即可实现调试功能。

（1）全局安装。通过 NPM 来全局安装 Node Inspector。

```
$ npm install node-inspector -g
```

（2）启动 Node Inspector。

```
$ node-inspector
```

（3）启动调试文件，比如有一个 kgc.js 文件，执行如下命令：

```
$ node -debug-brk kgc.js
```

它会自动启动一个 Chrome 的调试界面，非常直观，和日常在网页中的调试代码一样，如图 2.6 所示。

图 2.6　Node Inspector

2.2　内置调试——Node debug

Node.js 自带的调试方式，也是在调试文件里加入 debugger 关键字，不过它没有上面的 Node Inspector 调试方便。

下面还是以 kgc.js 文件为例，来使用这种方式进行调试。

具体内容：

```
$ node debug kgc.js
```

在 kgc.js 的代码里面加上 debugger 关键字，具体内容如下：

```
//加载核心模块 http
var http = require("http");
debugger
//实例化一个 http 服务
var server = new http.Server();
server.on("request",function(req, res) {
    res.writeHead(200,{
        "content-type":"text/plain"
    });
    res.write("hello nodejs by kgc");
    res.end();
});
//监控 3000 端口
server.listen(3000);
```

3　Node.js 命令行工具

可以用 Node.js 来编写命令行工具，比如第 3 章用到的构建工具 Gulp 其实本身也是一个基于 Node.js 编写的命令行工具。

3.1　可执行文件

一般 Node.js 命令行工具都是一个 bin 文件。

需求：编写一个 bin 文件，执行它会输出一段文案。

可执行文件有一些特殊的地方：bin 文件头部需要添加特殊格式，具体内容如下：

```
#!/usr/bin/env node
```

第一步：进行 bin 的配置。

在 package.json 文件里面配置了 bin 字段，取名为 kgc。

```
{
  "bin": {
    "kgc": "bin/kgc"
```

```
    }
}
```

第二步：创建文件。

创建一个 bin 目录，然后新建一个 kgc 文件。

文件的具体内容如下：

```
#!/usr/bin/env node
console.log('hello world by kgc');
```

这里注意，在文件的头部加了一个特殊的头：

```
$ #!/usr/bin/env node
```

第三步：执行文件。

可以执行如下命令：

```
$ ./kgc
```

会输出：hello world by kgc。

3.2 命令行支持参数

真实使用命令行工具的时候，一般都会解析传递的参数，可以通过 process.argv 来解析输入的参数。

案例分析：获取当前的开发环境变量。

在 test 环境传递 test，在 prod 线上环境传递 prod。

编写命令行工具 kgc，增加对 process.argv 的处理。

代码实现：

```
#!/usr/bin/env node
//process.argv 是一个数组
if (process.argv[2] == 'test') {
console.log('hello world by kgc in test', process.argv[2]);
} else if (process.argv[2] == 'prod') {
console.log('hello world by kgc in prod', process.argv[2]);
}
```

具体调用方式如下：

```
./kgc test
```

这里传递了一个参数 test，process.argv 返回了一个数组，内容如下：

```
[ '/usr/local/bin/node',
    '/Users/zhangyaochun/felabs/kgc/kgc_tool/kgc','test' ]
```

最终输出：hello world by kgc in test。

4　NPM

NPM 是 Node.js 的包管理工具，可以实现工具包的安装、更新、查看、搜索、发布和卸载，在遵循 CommonJS 规范的基础上，可解决文件模块的安装、更新和卸载。

4.1　安装第三方工具包

在使用第三方工具包之前，需要通过 NPM 来进行本地安装，在后面的章节里面，都需要使用 NPM 来安装第三方工具包。

可以通过命令来查看 NPM 版本，因为 NPM 3 和之前的版本在安装第三方工具包的目录结构上存在差异。

在命令行输入如下命令：

```
$ npm -v
```

会返回 3.10.10，因为之前安装的 Node.js 版本是 6.9.5，NPM 会自动被安装。

一般安装第三方工具包的方式有如下两种：

（1）本地安装方式。

具体语法如下：

```
$ npm install
$ npm install <pkg>
$ npm install <pkg>@<tag>
$ npm install <pkg>@<version>
$ npm install <pkg>@<version range>
$ npm install <git://url>
$ npm install <github username>/<github project>
```

所以如果要安装特定版本的 express，比如 3.15.0 这个版本，可以执行如下代码：

```
$ npm install express@3.15.0
```

注意：install 可以简写为 i。

（2）全局安装方式。

在命令行输入如下命令：

```
$ npm i grunt -g
```

全局安装的一般都是工具命令包，比如上面的 grunt，它可以在任何的目录下运行。

示例分析：安装和查看第三方工具包 express（比如 description 等信息）。

具体操作：

首先，需要安装 express 工具包。

在命令行输入如下命令：

```
$ npm i express
```

express 工具包会被安装到当前执行命令的目录的 node_modules 文件夹里面。

注意：i 是 install 的简写。

但是如果当前执行目录下没有 node_modules 文件夹，它会一直往上找，找到后，下载在那个 node_modules 的目录里面。

其次，查看 express 工具包的描述信息。

在命令行输入如下命令：

```
$ npm info express description
```

返回了：

```
Express - Fast, unopinionated, minimalist web framework for node
```

我们也可以查看 express 工具包的版本信息。

在命令行输入如下命令：

$ npm info express version

返回了 4.15.2，这是 express 工具包的最新版本号。

查看 description 和查看 version 的方式相似，在 $ npm info express 后面加上字段即可。

如果要安装很多的包，是否要启动 N 次的 npm install 呢？按标准来讲，项目根目录下要有一个 package.json 文件。

4.2　package.json 文件

可以通过定义 package.json 文件来管理项目的依赖，比如依赖多个第三方工具包。

第一步：初始化 package.json 文件。

在命令行输入如下命令：

$ npm init

通过一问一答的方式就可以很快地在当前目录下自动创建一个 package.json 文件，内容示例如下：

```
{
  "name": "kgc-init",
  "version": "1.0.0",
  "description": "",
  "main": "index.js",
  "dependencies": {
  }
  "scripts": {
  "test": "echo \"Error: no test specified\"&& exit 1"
  },
  "author": "kgc",
  "license": "ISC"
}
```

一般会定义 name 和 version 等必选信息。

第二步：把所有需要依赖的工具包都放在 dependencies 里面再执行安装命令。

$ npm i

它会自动开始拉取线上的工具包到本地。

下面来看一下 package.json 文件里面的具体配置。

- name：必需字段，代表名称，不能以点号或者下划线开头，尽量短一些，会在 require 方法中被调用。
- description：可选字段，字符串类型，描述这个包的信息，当执行 npm search 的时候会显示。
- version：必选字段，指定一个版本，要符合 semver（语义化版本）规范。一般是：主版本号.次版本号.修订号。
- author：可选字段，代表作者，可以是一个包含 name、email 和 url 的对象。

- homepage：可选字段，代表主页的地址，一般是 GitHub 上的 repo 地址。
- repository：可选字段，一般是代码存放的位置信息，是一个包含 type 和 url 的对象。
- license：可选字段，字符串类型，代表许可，一般是 MIT。
- engines：可选字段，可以在这里指定 Node.js 的版本。
- main：可选字段，主入口模块。
- private：可选字段，布尔值。如果设置为 true 会拒绝发布。
- scripts：可选字段，是一个由脚本命令组成的字典，这些命令运行在包的各个生命周期中。键是生命周期事件名，值是要运行的命令。scripts 是一个对象，可以定义一些任务。

比如在 scripts 中定义了一个 test 任务，代码如下：

```
"scripts": {
"test": "grunt test"
}
```

然后可以通过执行如下命令来执行 test 任务：

```
$ npm run test
```

等价于执行：

```
$ grunt test
```

- bin：可选字段，一般应用在命令行工具包里面。
- keywords：可选参数，数组类型，用于搜索关键字，一般 npm search 的时候会用到。
- dependencies：可选字段，一般用来指定当前包依赖的其他包。
- devDependencies：可选字段，如果只需下载使用某些模块，而不下载这些模块的测试和文档框架，此时可将这些附加项放在 devDependencies 中。
- peerDependencies：可选字段，一般基于一些基础模块开发的插件会定义在这里，比如 sass-loader 依赖 node-sass。

4.3　常用命令

除了最常用的 npm install 之外，还有如下命令：

（1）初始化 package.json 文件。

```
$ npm init
```

会通过一问一答的方式快速生成一个 package.json 文件，下面的示例中会应用它。

（2）删除工具包。

```
$ npm uninstall ***
```

可以用它来删除安装过的工具包。

（3）检测工具包是否过时。

```
$ npm outdated ***
```

（4）更新工具包。

```
$ npm update ***
```

（5）配置 npm。

```
$ npm config
```

当然这里可以用它来设置代理以加速安装的速度。

$ npm config set registry https://registry.npm.taobao.org

（6）查看 npm 基本配置。

$ npm config list

执行之后如图 2.7 所示。

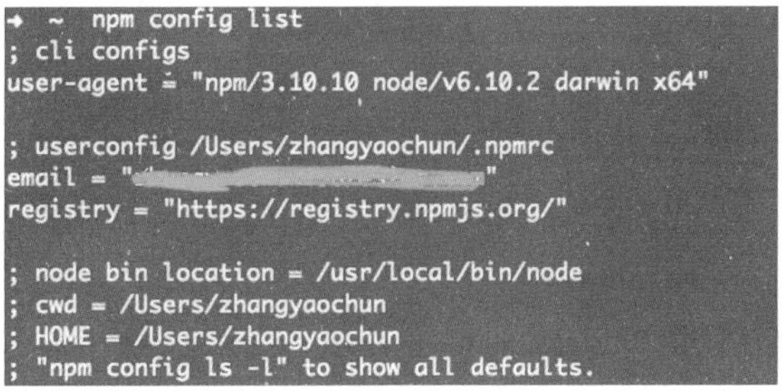

图 2.7　npm config list

（7）查看 npm 全部配置。

$ npm config list -l

（8）用户登录。

$ npm adduser

在命令行输入自己的 NPM 账号。

（9）发布包。

$ npm publish

可以通过它来发布自己编写的工具包到 NPM。

（10）取消发布包。

$ npm unpublish

4.4　发布工具包

除了使用上面提到的内置核心包和已有的第三方工具包，开发者也可以通过下面的步骤自己发布一个工具包到 NPM 官网。

下面以案例的方式讲述如何编写和发布一个工具包。

第一步：创建一个空文件夹，命名为 kgc_tool，具体命令如下：

$ mkdir kgc_tool

第二步：初始化一个 package.json 文件，在当前 kgc_tool 目录下执行。

$ npm init

会出现一问一答的方式帮助用户快速创建 package.json 文件，具体如图 2.8 所示。

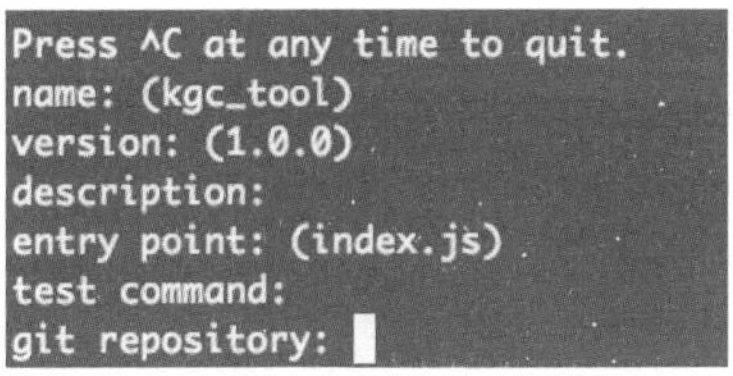

图 2.8　npm adduser 添加账号

具体内容如下：

```
{
    "name": "kgc_tool",
    "version": "1.0.0",
    "description": "",
    "main": "index.js",
    "scripts": {
    "test": "echo \"Error: no test specified\"&& exit 1"
    },
    "author": "",
    "license": "ISC"
}
```

第三步：需要在 NPM 官网（https://www.npmjs.org）注册一个账号，然后再执行如下代码，效果如图 2.9 所示：

```
$ npm adduser
```

图 2.9　npm adduser 添加账号

会要求输入之前注册的用户名和密码。可以通过如下命令查看是否添加成功：

```
$ npm whoami
```

如果返回上面设置的 Username 就表示设置成功了。

第四步：发布包，执行如下命令：

```
$ npm publish
```

4.5　取消发布过的工具包

有时候出于一些原因（比如安全等）需要取消之前发布的工具包，可以通过 unpublish 命令实现。

```
$ npm unpublish
```

这里和上面的 publish 命令类似，只是多了 un。

本章总结

- 可通过图例快速地搭建本地 Node.js 环境。
- 学会如何使用 Node Inspector 来调试 Node.js。
- 熟悉如何用 Node.js 来编写命令行工具。
- 熟悉 CommonJS 规范，学会通过 module.exports 来导出模块的变量、通过 require 方法来加载模块。
- 熟悉 Node.js 内置的各个核心模块，同时了解第三方模块的应用场景和用法。

● 通过发布一个自己开发的工具包熟悉 NPM 的常用命令，如 npm adduser 和 npm publish 等。

本章作业

1. 如何搭建 Node.js 环境？
2. 什么是模块化开发？
3. Node.js 如何调试？
4. 如何编写命令行工具？
5. Node.js 有哪些核心包？
6. Node.js 有哪些有用的第三方工具包？
7. 如何通过 NPM 安装工具包？
8. package.json 文件常用配置有哪些？
9. NPM 有哪些常用命令？
10. 如何发布一个 NPM 包？

第 3 章

Gulp

本章技能目标

- 了解 Gulp 的用途
- 了解 Gulp 命令行
- 熟悉并会使用 Gulp 常用 API
- 了解常用的 Gulp 插件以及它们对应的应用场景
- 会使用 Gulp 插件来处理不同的工程化任务

本章简介

这两年随着前端工程化的发展和第 2 章提到的 Node.js 的逐渐成熟，出现了很多前端开发方面的工具，它们基本都是用 Node.js 编写的，比如 Grunt、来自国内百度的 FIS，以及现在流行的 webpack，那我们为什么要用 Gulp 呢？它有哪些功能呢？

比如在处理诸如以下几种工程情况的时候：

- 预编译 css
- 文件的压缩
- 文件的合并
- 模板语言的转换

可以通过对应的哪些 Gulp 插件来完成对应的工作呢？这些问题通过本章都会一一解答。当然，在这之前需要先成功地安装 Gulp 工具，需要了解 Gulp 的 API 和命令行功能。

1　Gulp 是什么

来看官网上面的一段描述，具体如下：

Gulp is a toolkit for automating painful or time-consuming tasks in your development workflow, so you can stop messing around and build something.

Gulp 是前端工程化一个有用的自动化构建工具，和现在市面上流行的 webpack 以及之前的 Grunt，还有国内最流行的 FIS 等类似，都是为了提升本地开发、上线压缩合并打包等。它可以创建不同的任务（task），也有很多现有的插件来帮助开发者去完成前端工程化方面的事情。

1.1　Gulp 安装

在使用 Gulp 之前，需要本地安装。我们在第 2 章曾讲过 Node.js 包管理工具 NPM，在这里可以使用它来安装 Gulp。

可以通过如下三种方式来安装 Gulp：

（1）全局安装。

在命令行输入如下命令：

```
$ npm i gulp -g
```

这里的-g 就代表全局安装，即在任何目录下都能运行。

假设当前是苹果计算机，会自动安装到/usr/local/bin 目录下面，然后再软链接到/usr/local/lib/node_modules/gulp-cli/bin/gulp.js。

这样在命令行下进入任何项目目录都可以直接使用 gulp 命令了。

注意：如果遇到权限问题，可以在命令开始的时候加上 sudo。

具体如下：

```
$ sudo npm i gulp -g
```

Gulp 全局安装如图 3.1 所示。

```
/usr/local/bin/gulp -> /usr/local/lib/node_modules/gulp/bin/gulp.js
/usr/local/lib
└─ gulp@3.9.1
```

图 3.1　Gulp 全局安装

（2）局部安装。

在命令行输入如下命令：

```
$ npm i gulp
```

这样只会在当前执行命令的项目目录的 node_modules 里面安装。

当然也可以换成如下命令：

```
$ npm i gulp -save-dev
```

这样会自动把 gulp 写入到 package.json 文件的依赖字段（devDependencies）中。

（3）当成依赖直接安装。

在项目根目录的 package.json 里面的 devDependencies 字段配置一下即可，如图 3.2 所示。

图 3.2 Gulp 作为依赖安装

然后直接执行如下命令：

$ npm i

安装完毕后，在命令行输入如下命令：

$ gulp -v

如果出现如下类似的提示就表示安装成功了：

$ [16:46:15] CLI version 3.9.1

1.2 gulpfile 文件

在命令行执行 gulp 命令的时候，会依赖项目根目录下的一个配置文件：gulpfile.js。

gulpfile.js 中一般应用 Gulp 提供的 API 来定义一些需要执行的任务。

下面就以使用 gulp-htmlmin 插件为示例来编写一个压缩 html 的任务，看一下它里面具体的内容。

具体代码片段如下：

```
var gulp = require('gulp');              //引入 gulp 依赖
var htmlmin = require('gulp-htmlmin');   //引入 gulp-htmlmin 依赖
//创建任务
gulp.task('minifyHtml', function() {
    //调用 gulp.src 获取要处理的文件源
    return gulp.src('src/**/*.html')
    //调用 htmlmin 插件
    .pipe(htmlmin({
        collapseWhitespace: true,
        minifyCSS: true
    }))
    //调用 gulp.dest 输出到 dist 目录下
    .pipe(gulp.dest('dist'))
});
```

上面需要先引入两个依赖包：gulp 和 gulp-htmlmin 插件，然后通过 gulp.task 方法定义任务 minifyHtml。

在 gulp.task 方法的第二个参数里面定义了一个处理函数，此函数调用 gulp 的 src 方法指定了要处理的 html 文件目录，通过.pipe 方法进行传递。

接下来调用 htmlmin 插件进行 html 压缩，再通过.pipe 方法进行传递，然后通过 gulp.dest 方法指定最终保存压缩后文件的目录，进行写入。

最后在命令行执行：

$ gulp minifyHtml

我们会发现在 dist 目录中出现了从 src 拷贝过来的 html 文件，而且经过了压缩。

3
Chapter

1.3 Gulp 命令行

从 1.2 节的示例中可知，最终需要在命令行执行 gulp 命令才能运行任务。下面介绍 Gulp 的常用命令。

1.3.1 gulp -T

它会在命令行显示 gulpfile.js 里面的任务依赖树，比如在 gulpfile.js 定义了如下任务：

```
gulp.task('learn', ['fe'], function () {
    console.log('learn');
});
```

对上面的任务 learn 进行改造，增加一个名叫 fe 的依赖任务，具体实现如下：

```
gulp.task('fe', function () {
    console.log('fe');
});
```

执行如下命令：

```
$ gulp -T
```

具体如图 3.3 所示。

```
[15:29:53] ├── fe
[15:29:53] ├─ learn
[15:29:53] │  └── fe
```

图 3.3　Gulp 命令行任务依赖树

1.3.2 gulp -h

它是最简单、最常用的命令之一，会在命令行显示帮助内容。

具体如图 3.4 所示。

```
→ ~ gulp -h

Usage: gulp [options] tasks

选项：
  --help, -h        Show this help.                            [boolean]
  --version, -v     Print the global and local gulp versions. [boolean]
  --require         Will require a module before running the gulpfile.
                    This is useful for transpilers but also has other
                    applications.                             [string]
  --gulpfile        Manually set path of gulpfile. Useful if you have
                    multiple gulpfiles. This will set the CWD to the
                    gulpfile directory as well.               [string]
```

图 3.4　Gulp 命令行帮助内容

2 Gulp 常用 API

开发者可以通过 Gulp 内置提供的 API 来定义任务，同时也可以定义源文件目录和处理后输出的目标目录。

下面先分开介绍几个 API，然后以一个示例来介绍真实场景中这些 API 的使用方式。

2.1　gulp.src

可以通过 gulp.src 来获取源文件目录。它返回 stream，指定要处理文件的路径，通过 .pipe 方法传递到其他插件中。

具体语法如下：

gulp.src(globs[, opt])

第一个参数：可以是一个匹配模式的字符串，也可以是一个包含多个匹配模式的数组。

可以参考如下格式：

- './js/**/*.js'
- './js/*.js'
- '!./js/vendor/*.js'

具体匹配规则如下：

- ！　代表排除这些文件，比如 !a.js 不包含 a.js。
- *　　代表匹配所有文件。
- **　代表匹配 0 个或者多个文件夹。
- {}　代表匹配多个文件，比如 {a,b}.js 代表包含 a.js 和 b.js。

第二个参数：是一个对象，包含如下可选项：

- cwd：基准目录，默认是当前目录。
- base：字符串类型，会追加到 glob 之前。
- buffer：默认值为 true，如果设置为 false，会以 stream 方式返回 file.contents，而不是以文件 buffer 的形式返回。这在处理大文件的时候会比较有用。
- read：默认值为 true，如果设置为 false，file.contents 会返回 null，即不会去读取文件。

比如需要设置一个任务，将项目 src/css 下面的所有文件都拷贝到 dist/css 下，那第一步需要查找匹配 src/css 下面的所有文件，此时可以通过 gulp.src 实现，具体代码示例如下：

gulp.src('src/css/**/*')

2.2　gulp.dest

它通过指定要输出写入文件的路径最终把传递的数据流写入进去。如果目录不存在，则会被新建。

具体语法如下：

gulp.dest(folder[, opt])

第一个参数：输出的目标文件夹路径，执行 gulp.dest 后会在此路径写入文件。如果文件夹不存在，会通过 mkdir-p 这个工具包来自动创建。

第二个参数：是一个对象，包含如下可选项：

- cwd：写入路径的基准目录，默认是当前目录。
- mode：默认是 0777，用来定义输出目录的权限。

顺着 2.1 节的任务，可以通过 gulp.dest 来设置最终输出的路径 dist/css，具体代码示例如下：

```
gulp.dest('dist/css/')
```

2.3 gulp.task

它通过名称等参数来定义具体的任务，内部依赖了 orchestrator 工具包。

具体语法如下：

```
gulp.task(name[,deps],fn)
```

第一个参数：定义的任务名称。

第二个参数：可选参数，是一个数组，可以指定一个或多个对应依赖的任务名称。

第三个参数：是一个处理回调函数。

示例如下：

定义一个 learn 任务，同时设置了一个处理函数。

```
gulp.task('learn', function () {
    console.log('learn')
});
```

可以在命令行输入如下命令：

```
$ gulp learn
```

会出现如图 3.5 所示的结果。

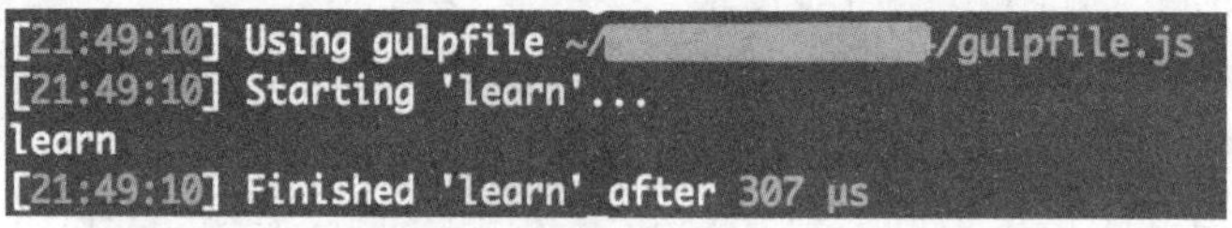

图 3.5 Gulp 任务 learn

当然，如果只输入 gulp 的话，默认会执行名为 default 的任务（task）。如果没有在 gulpfile.js 文件里面定义过，会如图 3.6 所示来报错。

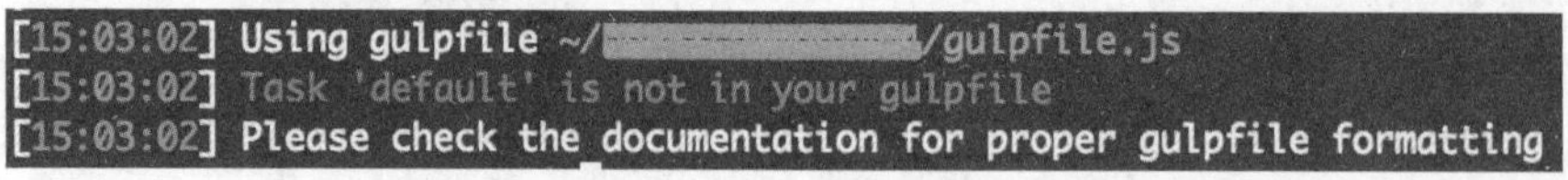

图 3.6 Gulp 直接执行

综合案例分析

需求：顺着 2.1 节及 2.2 节中的拷贝任务，把整个流程串起来。

分析：

学会了 gulp.task 之后就可以创建任务了，该任务命名为 copy。

```
gulp.task('copy', function () {})
```

在函数里面加上之前的两个步骤：

```
gulp.task('copy', function () {
    //调用 gulp.src
    gulp.src('src/css/**/*')
```

```
//调用 gulp.dest
.pipe(gulp.dest('dist/css/'))
})
```

然后在命令行执行：

$ gulp copy

会出现如图 3.7 所示的内容。

图 3.7　Gulp 执行 copy 任务

执行完成之后，会发现目录内容发生了变化，src/css 里面的文件都拷贝到 dist/css 下面了，如图 3.8 所示。

图 3.8　Gulp 执行 copy 任务后文件迁移

2.4　gulp.watch

它指定一个路径匹配规则来监控文件变化，然后执行相应的处理函数。

具体语法如下：

gulp.watch(glob, opt, fn)

第一个参数：glob 代表匹配模式，可以设置特定的规则来匹配要监控的文件。

第二个参数：是一个对象，包含如下可选项：

- cwd：基准目录，默认是当前目录。
- mode：默认是 0777，用来定义输出目录的权限。

案例分析

需求：监控 src/css 目录下文件的变化，然后执行一个 build 任务。

分析：

先定义一个 build 任务，代码如下：

```
gulp.task('build',function () {
    //...
    console.log('build');
});
```

再定义一个 watchcss 任务，代码如下：

```
gulp.task('watchcss', function () {
}
```

最后在处理函数内部调用 gulp.watch 来监控文件，代码如下：

```
gulp.task('watchcss', function () {
    gulp.watch('src/css/**/*', ['build'])
}
```

在命令行输入：

$ gulp watchcss

具体如图 3.9 所示。

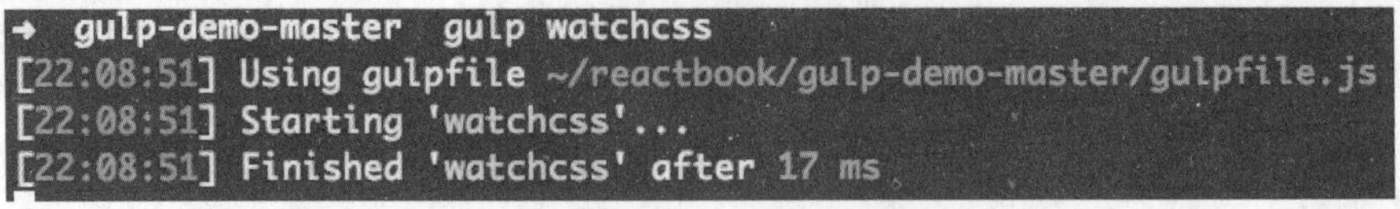

图 3.9　Gulp 执行 watchcss

当变更 src/css 目录下的任意文件时，都会触发变化同时执行 build 任务，如图 3.10 所示。

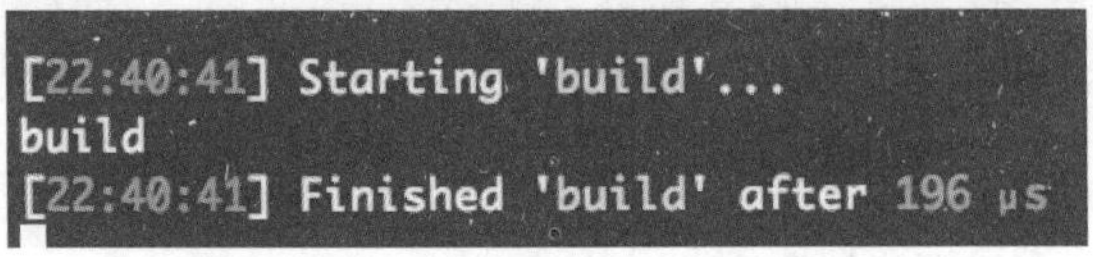

图 3.10　watch 内容变化执行 build

3　Gulp 插件

在 Gulp 中存在很多有用的插件，下面就列举比较常见的插件以及它们具体的应用场景。

3.1　编译 less 文件

less 是 css 预编译的一种工具，提供函数、变量等语法糖，有助于高效地编写样式。

在 Gulp 作为构建工具的项目中，可采用 gulp-less 插件来编译带有特殊语法糖的 less 文件，内部依赖 less 工具包进行 less 文件转换。

gulp-less 插件的官网地址：https://www.npmjs.com/package/gulp-less。

需要本地安装插件。

在命令行输入如下命令：

$ npm i gulp-less

众所周知，less 文件无法直接在浏览器中运行，需要编译成浏览器能够解析的 css 文件。

案例分析

需求：支持 less 下面的所有 less 文件进行预编译并输出到 dist/css 目录中。

分析：需要使用 gulp-less 插件把 less 目录下的所有 less 文件都编译成 css 文件，并输出到 dist 目录下的 css 文件夹中。

具体代码示例如下：

```
var gulp = require('gulp');
//引入依赖 gulp-less
```

```
var less = require('gulp-less');
//定义一个名为 less 的任务
gulp.task('less', function () {
    return gulp.src('./less/**/*.less')
    .pipe(less())
    .pipe(gulp.dest('dist/css'));
});
```

在命令行执行如下命令：

$ gulp less

效果如图 3.11 所示，会在 dist 文件夹的 css 文件夹里面生成一个对应的 css 文件。

```
→ gulp-demo-master  gulp less
[22:55:39] Using gulpfile ~/reactbook/gulp-demo-master/gulpfile.js
[22:55:39] Starting 'less'...
[22:55:39] Finished 'less' after
```

图 3.11　gulp less　任务

3.2　编译 stylus 文件

stylus 也是 css 预编译的一种工具。与 less 不一样，这里的文件后缀为 styl。

在 Gulp 作为构建工具的项目中，可采用 gulp-stylus 插件来编译带有特殊语法糖的 styl 文件。

gulp-stylus 插件官网地址：https://www.npmjs.com/package/gulp-stylus。

需要本地安装插件。

在命令行输入如下命令：

$ npm i gulp-stylus

案例分析

需求：支持 stylus 下面的所有 styl 文件进行预编译并输出到 dist/css 目录中。

分析：使用 gulp-stylus 插件来把 stylus 目录下的所有 styl 文件都编译成 css 文件，并输出到 dist 目录下的 css 文件夹中。

具体代码示例如下：

```
var gulp = require('gulp');
//引入依赖 gulp-stylus
var stylus = require('gulp-stylus');
//定义一个名为 stylus 的任务
gulp.task('stylus', function () {
    return gulp.src('./stylus/**/*.styl')
    .pipe(stylus())
    .pipe(gulp.dest('dist/css'));
});
```

当然这里也可以传递参数：

stylus({compress: true})

当 styl 文件发生变化的时候，如何进行预编译操作呢？

具体代码示例如下：

```
gulp.task('stylus:watch', function () {
    gulp.watch('./stylus/**/*.styl', ['stylus']);
});
```

这里使用到上面提到的 watch API 来监控路径文件的变化，同时调用上面的 stylus 任务。

3.3 编译 sass 文件

sass 也是 css 预编译的一种工具。相比上面的 less 和 stylus，它的文件后缀是 scss。

在 Gulp 作为构建工具的项目中，可采用 gulp-sass 插件来编译带有特殊语法糖的 scss 文件。

gulp-sass 插件官网地址：https://www.npmjs.com/package/gulp-sass。

需要本地安装插件。

在命令行输入如下命令：

```
$ npm i gulp-sass
```

案例分析

需求：支持 sass 下面的所有 scss 文件进行预编译并输出到 dist/css 目录中。

分析：使用 gulp-sass 插件来把 sass 目录下的所有 scss 文件都编译成 css 文件，并输出到 dist 目录下的 css 文件夹中。

具体代码示例如下：

```
var gulp = require('gulp');
//引入依赖 gulp-sass
var sass = require('gulp-sass');
//定义一个名为 sass 的任务
gulp.task('sass', function () {
    return gulp.src('./sass/**/*.scss')
    .pipe(sass())
    .pipe(gulp.dest('./css'));
});
```

当然这里也可以传递参数：

```
sass({outputStyle: 'compressed'})
```

当 scss 文件发生变化的时候，如何进行预编译操作呢？

具体代码示例如下：

```
gulp.task('sass:watch', function () {
    gulp.watch('./sass/**/*.scss', ['sass']);
});
```

这里使用到上面提到的 watch API 来监控路径文件的变化，同时调用上面的 sass 任务。

3.4 压缩 css 文件

在生产环境中为了优化加载速度，通常会使用 gulp-minify-css 插件来完成 css 文件的压缩。

gulp-minify-css 插件官网地址：https://www.npmjs.com/package/gulp-minify-css。

需要本地安装插件。

在命令行输入如下命令：

$ npm i gulp-minify-css

案例分析

需求：为了减少 css 体积，将 src/styles 下面的 css 文件进行压缩并输出到 dist/css 目录中。

分析：使用 gulp-minify-css 插件来把 src 目录下 styles 文件夹里面的所有 css 文件都进行压缩，并输出到 dist 目录下的 css 文件夹中。

具体代码示例如下：

```
var gulp = require('gulp');
//引入依赖 gulp-minify-css
var minifyCSS = require('gulp-minify-css');
//定义一个名为 minifycss 的任务
gulp.task('minifycss', function () {
    gulp.src('src/styles/**/*.css')
    .pipe(minifyCSS())
    .pipe(gulp.dest('dist/css'));
})
```

在命令行执行如下命令：

$ gulp minifycss

执行命令后，会在 dist 目录下的 css 文件夹里面生成一个对应压缩后的 css 文件。

3.5　在 css 里面自动添加浏览器前缀

在写 css 的时候都会遇到一个比较头疼的问题，即给一些规则加浏览器前缀，比如：

display: flex;

transition: transform 1s;

有一个利器 autoprefixer 可以帮助开发者自动按照配置的规则添加这些前缀（-ms、-webkit 等）。它会自动同步 Can I Use 的数据来决定哪些规则需要加前缀。在 Gulp 插件里面也有一个 gulp-autoprefixer 插件来实现同样的功能。

gulp-autoprefixer 插件官网地址：https://www.npmjs.com/package/gulp-autoprefixer。

需要本地安装插件。

在命令行输入如下命令：

$ npm i gulp-autoprefixer

案例分析

需求：支持在 css 里面自动添加浏览器前缀，将 src/css 下面的 css 文件进行处理并输出到 dist/css 目录中。

分析：使用 gulp-autoprefixer 插件来把 src 目录下 css 文件夹里面的所有 css 文件都进行预处理，并输出到 dist 目录下的 css 文件夹中。

具体代码示例如下：

```
var gulp = require('gulp');
//引入依赖 gulp-autoprefixer
```

```
var autoprefixer = require("gulp-autoprefixer");
//定义一个名为 autoprefixer 的任务
gulp.task('autoprefixer', function () {
    gulp.src('src/css/*.css')          //要处理的 css 源文件目录
    .pipe(autoprefixer ())             //使用 autoprefixer 进行处理规则的前缀
    .pipe(gulp.dest('dist/css'));      //处理后的存储路径
});
```

比如 src/css 下面有一个 base.css 文件：

```
.test {
    display: flex;
    transition: transform 1s;
}
```

然后在命令行执行如下命令：

```
$ gulp autoprefixer
```

我们发现 dist 目录里面 css 的文件夹下新增了一个 base.css 文件：

```
.test {
    display: -webkit-box;
    display: -ms-flexbox;
    display: flex;
    -webkit-transition: -webkit-transform 1s;
    transition: -webkit-transform 1s;
    transition: transform 1s;
    transition: transform 1s, -webkit-transform 1s;
}
```

3.6 压缩 js 文件

在生产环境中，为了优化加载速度，需要使用 gulp-uglify 插件来完成 js 文件的压缩。
gulp-uglify 插件官网地址：https://www.npmjs.com/package/gulp-uglify。
需要本地安装插件。
在命令行输入如下命令：

```
$ npm i gulp-uglify
```

内置依赖著名的 UglifyJS2 来进行 js 文件的压缩。

案例分析

需求：为了减少 js 文件的体积，将 src/js 下面的 js 文件进行压缩并输出到 dist/min/js 目录中。

分析：使用 gulp-uglify 插件来把 src 目录下 js 文件夹里面的所有 js 文件都进行预处理，并输出到 dist 目录下 min 文件夹里面的 js 文件夹中。

具体代码示例如下：

```
var gulp = require('gulp');
//引入依赖 gulp-uglify
var uglify = require("gulp-uglify");
//定义一个名为 minifyjs 的任务
```

```
gulp.task('minifyjs', function () {
    gulp.src('src/js/*.js')              //要压缩的 js 文件
    .pipe(uglify())                      //使用 uglify 进行压缩
    .pipe(gulp.dest('dist/min/js'));     //压缩后的路径
});
```

然后在命令行执行如下命令：

$ gulp minifyjs

会发现 dist/min 目录下 js 文件夹里面的文件都被压缩了。

3.7　合并多个文件

在实际开发过程中，会按照一个一个独立的功能模块来拆分文件，最后为了优化线上文件加载的个数，可使用 gulp-concat 插件来完成多个文件的合并。

gulp-concat 插件官网地址：https://www.npmjs.com/package/gulp-concat。

需要本地安装插件。

在命令行输入如下命令：

$ npm i gulp-concat

案例分析

需求：为了减少 js 文件的数量，将 src/js 下面的 js 文件合并成 all-concat.js 并输出到 dist/js 目录中。

分析：使用 gulp-concat 插件来把 src 目录下 js 文件夹里面的所有 js 文件都进行预处理，并输出到 dist 目录下的 js 文件夹中。

具体代码示例如下：

```
var gulp = require('gulp');
//引入依赖 gulp-concat
var concat = require('gulp-concat');
//定义一个名为 concat 的任务
gulp.task('concat', function () {
    gulp.src('src/js/*.js')
    .pipe(concat('all-concat.js'))       //合并后的文件可以指定文件名
    .pipe(gulp.dest('dist/js'));
});
```

在命令行执行如下命令：

$ gulp concat

会在 dist/js 文件夹里面生成一个 all-concat.js 文件，它是合并了多个文件内容的文件。

3.8　压缩 html 文件

在生产环境中，为了减少 html 文件的体积，加速用户访问，可使用 gulp-htmlmin 插件来完成 html 文件的压缩。

gulp-htmlmin 插件官网地址：https://www.npmjs.com/package/gulp-htmlmin。

需要本地安装插件。

在命令行输入如下命令：

```
$ npm i gulp-htmlmin
```

案例分析

需求：为了加速访问，在拷贝 src 目录下的所有 html 文件到 dist/html 的同时对其进行压缩。

分析：使用 gulp-htmlmin 插件来把 src 目录下的所有 html 文件都进行预处理，并输出到 dist 目录下的 html 文件夹中。

具体代码示例如下：

```
var gulp = require('gulp');
//引入依赖 gulp-htmlmin
var htmlmin = require("gulp-htmlmin");
//定义一个名为 minify 的任务
gulp.task('minify', function() {
    return gulp.src('src/**/*.html')
        .pipe(htmlmin({
          collapseWhitespace: true
        }))
        .pipe(gulp.dest('dist/html'))
});
```

在命令行执行如下命令：

```
$ gulp minify
```

发现 dist 目录下 js 文件夹里面的 html 文件都被压缩了。

3.9　给文件名增加 md5

为了去除缓存，我们会在文件名中追加 md5 值来进行增量发布。比如原来的文件名为 name.js，改名之后会变成 name-23413.js。

gulp-rev 插件官网地址：https://www.npmjs.com/package/gulp-rev。

需要本地安装插件。

在命令行输入如下命令：

```
$ npm i gulp-rev
```

案例分析

需求：为了防止 html 文件缓存，需要把 src 目录下面的所有 html 文件拷贝到 dist 目录，同时进行 md5 文件名预处理。

分析：使用 gulp-rev 插件来把 src 目录下的所有 html 文件都进行预处理，并输出到 dist 目录下。

具体代码示例如下：

```
var gulp = require('gulp');
//引入依赖 gulp-rev
var rev = require('gulp-rev');
//定义一个名为 rev 的任务
```

```
gulp.task('rev', function () {
    gulp.src('src/**/*.html')
    .pipe(rev())
    .pipe(gulp.dest('dist'))
});
```

我们会看到在 dist 目录里原来的 html 文件会被改名，比如原来在 src 目录下面放置的 index.html 变成了 index-0e48c8b22c.html。

也许读者会有疑问：能否生成一个文件，里面包含变更前后对应的映射关系？其实 gulp-rev 插件也支持该功能，下面改动一下代码：

```
var gulp = require('gulp');
var rev = require('gulp-rev');        //引入 gulp-rev 的依赖
//定义一个 rev 的任务
gulp.task('rev', function () {
    //调用 gulp.src 获取 html 文件目录
    gulp.src('src/**/*.html')
    //调用 rev 插件
    .pipe(rev())
    //调用 gulp.dest，输出到 dist 目录下面
    .pipe(gulp.dest('dist'))
    .pipe(rev.manifest())        //调用 manifest 方法
    .pipe(gulp.dest('dist'))     //同时也写入到 dist 目录下面
});
```

在原来代码的基础上增加了 rev.manifest 方法的调用，然后再调用 gulp.dest 把文件写入到 dist 目录下面去。默认的名字是 rev-manifest.json。

如果读者想自定义 json 文件的名字，可以通过调用 rev.manifest('manifest.json') 方法来完成。

当然也可以自己封装一个 rev 相关的插件，下面是大致的思路。

引入两个核心模块 fs 和 crypto：

- fs.readFileSync
- crypto.createHash
- fs.createReadStream
- fs.createWriteStream

然后再把内容通过流的方式替换掉。

3.10 如何启动本地服务

需要使用 gulp-connect 插件来启动服务，监控文件的变化，当文件修改之后触发 livereload 任务。

gulp-connect 插件官网地址：https://www.npmjs.com/package/gulp-connect。

需要本地安装插件。

在命令行输入如下命令：

```
$ npm i gulp-connect
```

案例分析

需求：使用 Gulp 插件搭建一个本地服务。

分析：可以使用 gulp-connect 插件来创建一个本地服务。

具体代码示例如下：

```
var gulp = require('gulp');
//引入依赖 gulp-connect
var connect = require('gulp-connect');
//定义一个名为 connect 的任务
gulp.task('connect', function() {
  connect.server();
});
```

当然这里面可以增加配置项，比如：

- root：根路径，默认是 gulpfile 的目录地址。
- port：对应的端口号，默认是 8080。
- host：默认是 localhost。
- https：默认是 false。
- livereload：默认是 false。
- livereload.port：默认是 35729。
- middleware：默认是空数组。
- debug：默认是 false，控制台会打印一些调试信息。

3.11 支持 pug 模板编译

随着前端交互页面的日益复杂，前端模板引擎应用得越来越多，jade 对于前端开发者来说并不陌生，后续 jade 改名为 pug，可使用 gulp-pug 插件来完成 pug 模板编译。

gulp-pug 插件官网地址：https://www.npmjs.com/package/gulp-pug。

需要本地安装插件。

在命令行输入如下命令：

```
$ npm i gulp-pug
```

案例分析

需求：将预编译 src 目录下的所有 pug 文件编译成 html 文件，并输出到 dist 目录下。

分析：使用 gulp-pug 插件来把 src 目录下的所有 pug 文件都进行预处理，并输出到 dist 目录下的 html 文件夹中。

具体代码示例如下：

```
var gulp = require('gulp');
//引入依赖 gulp-pug
var pug = require('gulp-pug');
//定义一个名为 views 的任务
gulp.task('views', function () {
    return gulp.src('src/*.pug')
    .pipe(pug({}))
```

```
    .pipe(gulp.dest('dist/html'));
});
```

在命令行执行如下命令：

```
$ gulp views
```

执行命令后，会在 dist/html 文件夹里面生成对应的 html 文件。

3.12　支持 zip 压缩

在一些开发场景中需要使用 gulp-zip 插件来把某个指定目录下的文件压缩成 zip 文件，比如批量上传静态资源文件到 CDN（内容分发网络）。

gulp-zip 插件官网地址：https://www.npmjs.com/package/gulp-zip。

需要本地安装插件。

在命令行输入如下命令：

```
$ npm i gulp-zip
```

案例分析

需求：把 dist 目录下的文件进行 zip 处理。

分析：使用 gulp-zip 插件来把 dist 目录进行压缩，并输出到 zip 目录下。

具体代码示例如下：

```
var gulp = require('gulp');
//引入依赖 gulp-zip
var zip = require('gulp-zip');
//定义一个名为 zip 的任务
gulp.task('zip', function () {
    return gulp.src('dist/**/*')
    .pipe(zip('test.zip'))
    .pipe(gulp.dest('zip'));
});
```

在命令行执行如下命令：

```
$ gulp zip
```

执行命令后，会在 zip 文件夹里面生成 test.zip 的压缩包。

4　Gulp 优化

当基于 Gulp 构建的项目越来越复杂的时候，一般项目里面的 gulpfile.js 文件的任务（task）会越来越多，下面介绍几种优化的方法。

4.1　优化一：清理文件和文件夹

可能很多喜欢用命令行的开发者都会想到能否直接用 rm-rf。最早 Node.js 里面有一个很著名的工具包 rimraf。其实，解决该问题有很多种方案，这里推荐 del 工具包。

del 工具包来自大名鼎鼎的 Sindre Sorhus，相比 rimraf 而言，del 工具包支持了带有通配符的路径、多个文件路径，同时也支持 Promise API。

案例分析

需求：每次编译的时候都清除之前编译生成的文件。

分析：使用推荐的 del 工具包来对 dist 目录下的所有文件进行删除。

具体代码示例如下：

```
var gulp = require('gulp');
//引入 del 的依赖
var del = require('del');
//定义一个名为 clean 的任务
gulp.task('clean', function () {
  return del([
    'dist/**/*'
  ]);
});
```

然后在命令行执行如下命令：

```
$ gulp clean
```

执行之后会发现 dist 目录里面的文件和文件夹都被删除了，如图 3.12 所示。

图 3.12　gulp clean 任务

4.2　优化二：把配置抽离到文件中去

随着项目复杂度的增加，配置文件中会存在很多重复的配置项，比较明显的是不同环境之间的路径配置，一般我们会遵循 DRY（Don't Repeat Yourself）原则来抽离一些重复的配置。

案例分析

需求：gulpfile.js 的多个 task 中使用了重复路径，将这些重复路径抽离到 config.json 文件中。

分析：通过一个独立的配置文件来管理路径。

具体做法如下：

第一步：在项目根目录下创建一个和 gulpfile.js 同级的文件，名为 config.json。

第二步：在 config.json 文件中设置一些常用的文件路径配置。

代码如下：

```
{
  "pc" : {
    "src" : [
      "pc/js/**/*.js"
    ],
    "dest" : "build/pc/js"
  }
}
```

第三步：在 gulpfile.js 文件中引入 config.json 文件。

代码如下：

```
var config = require('./config.json');
var pcSrc = config.pc.src;
var pcDest = config.pc.dest;

//定义 watchjs 任务
gulp.task('watchjs', function () {
  gulp.watch(pcSrc, function (event) {
  //...
  }
})

//定义 uglifyjs 任务
gulp.task('uglifyjs', function () {
  gulp.src(pcSrc)
  //...
})
```

这样，通过 pcSrc 和 pcDest 就可以获取对应的路径，并将其应用到不同的 task（如 watchjs 和 uglifyjs）中。

4.3 优化三：拆分 Gulp 任务

若 Gulp 任务越来越多，随之带来的就是 gulpfile.js 文件越来越大，甚至难以维护，最直接的方式便是把 Gulp 任务拆分成多个独立的 js 文件，如图 3.13 所示。

图 3.13　gulpfile.js 任务拆分

可以新建一个名字为 tasks 的文件夹，然后把项目的多个任务拆解成对应的 js 文件放进去，这里我们把与 css 相关的任务和与 js 相关的任务都拆分成单独的文件。

- css.task.js：所有与 css 相关的任务都放置到这里。

```
gulp.task('css', function () {
  //...
});
```

- js.task.js：所有与 js 相关的任务都放置到这里。

```
gulp.task('js', function () {
  //...
});
```

本章总结

- Gulp 作为前端工程化工具的应用场景。
- 本地安装 Gulp 以及使用一些基础的命令行命令。
- Gulp 常用的四个 API：src、dest、task 和 watch 及其具体的用法。其中，最主要的是 task，基本所有任务都需要通过它来创建。
- Gulp 常用插件及其使用方法和应用场景，比如常用的静态资源（js 文件、css 文件和 html 文件）的一些预处理。
- 通过清理文件和文件夹、配置文件分离、任务拆分等优化方案来提升 Gulp 任务的效率。

本章作业

1．Gulp 是什么？
2．Gulp 有哪些常用插件？列举两个。
3．Gulp 的常用 API 有哪些？
4．如何配置 gulpfile.js？
5．Gulp 命令行有哪些功能？
6．如何优化 Gulp 配置？

第 4 章

初识 React

本章技能目标

- 熟悉 MVC/MVP/MVVM 中各层的作用和含义
- 了解什么是 React
- 熟悉 JSX 的基本语法
- 掌握 React 中数据传递的两种方式：props 和 state
- 熟悉 React 的生命周期以及它们的作用
- 学会编写一个完整的 Button 组件

本章简介

　　随着前端框架的发展，来自 Facebook 的前端类库 React 因为独特的设计而被开发者所喜爱，它引入了一些新概念（如虚拟 DOM、JSX 等），也让前端开发者更关注应用的 View（视图）部分。本章会对 React 的特性及其组件生命周期等内容进行叙述，同时以具体的组件示例的方式让开发者快速掌握和了解 React。

近几年，前端框架已经开始慢慢地从单纯的兼容性类库转变为具有分层模式的框架。

在正式介绍 React 之前，先来看一下 MVC、MVP 和 MVVM 这 3 种对 React 起到启发性作用的分层模式。

1 MV*模式

MVC 分层模式最早是从后端被引进到前端框架中的，慢慢地演变为 MVP，再到现在流行的 MVVM 模式。

1.1 MVC

它是最早的分层模式，被应用在 Java 领域，后来被慢慢引入到前端开发中，同时它也是应用最为广泛的分层模式。

MVC 具体分为以下三部分：

- Model：业务模型。
- View：用户视图。
- Controller：控制器。

基于分层的目的，让 M（业务模型）和 V（用户视图）的代码实现分离，从而使彼此的职责更为独立，如图 4.1 所示。

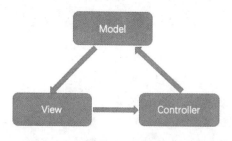

图 4.1　MVC

View 一般通过 Controller 来和 Model 进行联系。Controller 充当它们之间协调者的角色，而且各个方向都是单向的。

1.2 MVP

它是通过 MVC 演变而来的分层模式，将之前的 Controller 变成了 Presenter。

MVP 具体分为以下三部分：

- Model：业务模型。
- View：用户视图。
- Presenter：主要的逻辑处理。

除了 Model 负责数据、View 负责显示外，这里的 Presenter 负责逻辑的处理，具体如图 4.2 所示。

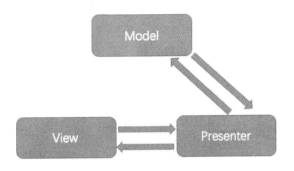

图 4.2   MVP

View 一般通过 Presenter 来和 Model 进行联系，View 和 Model 之间不直接联系。
Presenter 通过定义好的接口与 View 交互，完全把 View 和 Model 进行了分离。

1.3   MVVM

从 MVC 到 MVP，再到 MVVM，分层模式一直在不断地演变，相比前面两种，这里变成了 ViewModel，同时 ViewModel 的变化会自动同步给 View。

MVVM 具体分为以下三部分：

- Model：业务模型。
- View：用户视图。
- ViewModel：业务逻辑处理。

View 一般通过 ViewModel 来和 Model 进行联系，不直接联系，而且 View 的变化会自动更新到 ViewModel，ViewModel 的变化也会自动同步到 View 上并显示。

ViewModel 中的属性实现了 Observer，当属性变化的时候会触发对应的操作，具体如图 4.3 所示。

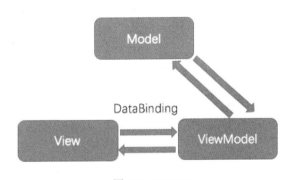

图 4.3   MVVM

2   React 简介

React 是 Facebook 在 2013 年开发的一个 JavaScript 的类库，主要用于创建 Web 用户交互界面。正是因为 Facebook 的工程师对市面上的 MVC 框架不满意，所以才研发了 React。React 最早只是 Facebook 的 PHP 框架——XHP 的一个分支，后来慢慢发展，再到基于 React 的 React Native 框架，使开发者慢慢从 Web 开发领域跨越到了客户端领域。

2.1　什么是 React

React 除了是一个前端框架之外，本质上其实类似一个状态机。

比如当状态（state）发生变化的时候，视图会自动更新，开发者不再需要手动地更新 DOM。

对比前面提到的 MVC、MVP、MVVM 分层模式，React 更多专注在 View 层，其框架本身不处理与后端服务之间的通信、页面之间切换的路由控制等。

当然，随着基于 React 的 React Native 的普及，React 的开发者已经不仅能够开发 Web 端，而且可以开发客户端了。

2.2　如何安装

在使用 React 之前需要安装核心文件。

一般有如下两种方式来安装 React：

方式一：script 方式。

通过 script 标签这种最传统的方式来安装，代码片段如下：

```
<script src="./react/15.0.1/react.js"></script>
<script src="./react/15.0.1/react-dom.js"></script>
```

这里的 src 可以是线上 CDN 的绝对地址，也可以是本地的相对路径。

方式二：NPM 方式。

通过第 2 章第 4 节提到的 Node.js 包管理工具 NPM 来安装，具体命令如下：

```
$ npm i react
$ npm i react-dom
```

这两个工具包的作用如下：

● react 包：包含 React 核心方法。

● react-dom 包：负责渲染 DOM 方法。

我们推荐第二种方式，这也是目前大部分开发者比较常用的方式，而且应该注意，从 0.14 版本开始，官方就开始把 React 拆解为两个独立包，这在 React 的官方博客中也有相关说明，感兴趣的读者可以登录查看。

2.3　特性

相比传统的前端框架，React 引入了一些新特性，如 JSX 等。

（1）采用 JSX。它比模板引擎更强大，但是不能直接在浏览器上运行，需要由转换器转换成 JavaScript。

在本章 2.3.1 节中会具体介绍 JSX。

（2）服务器端渲染。React 提供 renderToString 等方法来支持服务器端渲染模式。

（3）跨端。随着基于 React 的 React Native 的开源，React 开发者参与进了跨端的开发。

案例分析

下面使用 React 在页面中绘制一个输入框（input）组件。具体页面效果如图 4.4 所示。

kgc

图 4.4　使用 React 绘制 input 组件

首先，新建一个文件，命名为 input-demo.html。

其次，引入本章 2.2 节中提到的 React 的脚本依赖，一共有两个文件。

```
<script src="./react/15.0.1/react.js"></script>
<script src="./react/15.0.1/react-dom.js"></script>
```

然后，设置一个占位的容器，id 为 kgc-con。

```
<div id="kgc-con"></div>
```

通过 React 的 createClass 方法来创建组件，定义名称为 InputDemo：

```
var InputDemo = React.createClass({
    render: function () {
        return (
            <input defaultValue="kgc" placeholder="基本使用"/>
        )
    }
});
```

最后，调用 ReactDOM.render 方法来输出对应的组件内容：

```
ReactDOM.render(
        <InputDemo />
        , document.querySelector('#kgc-con'));
```

在浏览器端最终生成的 HTML 代码如图 4.5 所示。

```
▼<div id="kgc-con">
 ▶<input data-reactroot placeholder="基本使用" value="kgc">
 </div>
```

图 4.5　使用 React 绘制 input 组件最终生成的代码

总结上面的案例，步骤如下：

（1）通过 script 标签加载 react 和 react-dom 这两个依赖库文件。

（2）在页面上放置一个 id 为 kgc-con 的占位容器 div。

（3）通过 React 的 createClass 方法创建一个 InputDemo 组件，它有一个 render 方法，返回一个 input 标签。

（4）通过 ReactDOM.render 方法把 InputDemo 组件放置到 id 为 kgc-con 的元素里面去。

从上面的案例中可以发现，在 React 中输出的 input 和正常的 html 中的 input 有如下区别：

● React 组件 render 中的 input：<input defaultValue="kgc" placeholder="基本使用"/>。

● html 中的 input：<input placeholder="基本使用" value="kgc" />。

注意：这里 input 的默认值设置采用 defaultValue 属性。

下面来介绍 React 中独有的特性——JSX。

2.3.1 JSX

JSX 是一种特殊的 JavaScript 语法格式，它类似于 HTML 的高级语法糖，最终会通过转化器变成浏览器可以识别的 JavaScript 语法格式。

JSX 是 JavaScript XML 的缩写，可以在 React 内部构建标签的类似 XML 的语法。下面来看一段 JSX 的代码片段：

```
<button onClick={this.handleClick}
    style={this.props.style}
    disabled={this.state.disabled}
    className={className}
>
    { this.props.children }
</button>
```

以上代码乍一看和 HTML 类似，但是实际存在如下差异：

- 出现了{}。
- 使用 onClick。
- className 大写。

除了以上差异外，JSX 还有以下特性：

- 支持条件判断：支持三目运算和逻辑与运算。
- Key：可选，一般在循环生成组件的时候出现，表示唯一标识符。可以设置独一无二的键，为了提升性能，快速定位组件。
- Ref：允许父组件保持对子组件的一个引用，代码示例如下：

```
<input ref="kgcInput" />
```

可以通过 this.refs.kgcInput.getDOMNode 来访问 DOM。

- dangerouslySetInnerHTML：支持显示 HTML 代码，不转义。代码示例：

```
var tip = '<b>kgc</b>'
<span dangerouslySetInnerHTML={{__html : tip}}></span>
```

最终输出如图 4.6 所示。

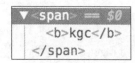

图 4.6　dangerouslySetInnerHTML 使用示例

- htmlFor：其作用和 HTML 中常用的 for 类似。
- 样式：它是一个对象，key 是驼峰形式的属性名（和 JavaScript 中 DOM 的 style 属性一致）。

React 并没有选择模板，而是直接发明了像模板的 JSX。JSX 把每一个节点转换为 JavaScript 函数。相比前端开发者更熟悉的 HTML，JSX 确实有一些优点。

（1）语法上类似 XML，支持自定义组件，更加语义化。

例如，编写一个 Card 模块，一般 HTML 结构如下：

```
<div class="card">
    <div class="card-title"></div>
    <div class="card-content"></div>
</div>
```

而通过 JSX，可以封装成一个 Card 组件：

```
<Card title="card" content="content"></Card>
```

（2）更关注分离。

通过 JSX，可以把页面拆解成多个独立的小组件，把逻辑等封装在组件内部，具体示例如下：

```
<Page>
    <Header></Header>
    <Content></Content>
    <Footer></Footer>
</Page>
```

（3）采用两个花括号来支持动态变量。

前面 dangerouslySetInnerHTML 的示例中就应用了这个方法，可扩展性强，而且非常方便。

2.3.2 数据传递

既然 JSX 提供了自定义组件并允许组件之间相互嵌套，那么父子组件之间如何传递数据就成了一个重要的问题。

一般在 React 中使用如下两种方式进行组件之间的数据传递。

1. 属性（props）

props 是英文 properties 的简写，和 HTML 标签上的属性类似，它可以把任意类型的数据传递给组件。

作为 React 中数据流转的一种方式，可以通过属性使父组件对子组件进行数据传递。这种数据流转是单向的。当属性发生变化的时候，也会触发对应的生命周期方法。

（1）如何获取属性？

有一个组件 KGC，如下：

```
<KGC name="kgc" id="container" />
```

现在要获取组件上面的所有属性，可以通过 this.props 对象，它返回一个对象：

```
{name: "kgc", id: "container"}
```

可以通过 this.props.name 获取 name 属性对应的值。

（2）如何获取所有子节点？

可以通过 this.props.children 来获取所有子节点。它有如下三种返回值类型：

● undefined：没有子节点。
● object：一个子节点。
● array：多个子节点。

下面通过示例来介绍如何获取某个组件的所有子节点。

示例：定义一个父组件 ParentPage，并在插入页面的时候内部包裹多个子节点，现在需要在 ParentPage 组件内部获取这些子节点。

分析：

第一步：创建父组件 ParentPage，在 render 方法中调用 this.props.children。

代码如下：

```
var ParentPage = React.createClass({
    render: function () {
        var child = this.props.children;
        return (
            <div className="parent-box">
            </div>
        )
    }
});
```

第二步：通过 ReactDOM 的 render 方法把包含三个子 div 的 ParentPage 组件加载在页面 id 为 kgc-con 的元素中。

```
var React = require('react');
//引入依赖 react-dom
var ReactDOM = require('react-dom');
//调用 render 方法
ReactDOM.render(
    <ParentPage>
        <div className="child-box-one">1</div>
        <div className="child-box-two">2</div>
        <div className="child-box-three">3</div>
    </ParentPage>,
    document.querySelector('#kgc-con')
);
```

效果如图 4.7 所示。

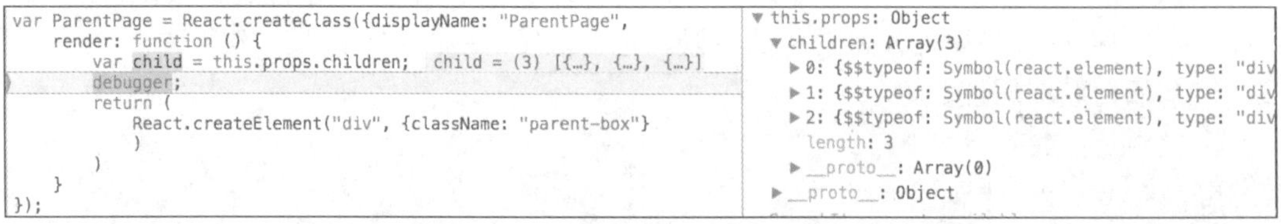

图 4.7 this.props.children 的应用案例

（3）如何设置属性类型？

可以通过 React 自带的 PropTypes 来定义类型，有如下几种常用的类型取值：

- any：可以是任意类型。
- string：必须是字符串类型。
- bool：必须是布尔类型。
- func：必须是函数。
- object：必须是对象。
- number：必须是数值类型。
- array：必须是数组类型。

示例：给 Button 组件设置属性，包含以下几项。

- children：可以设置子元素，比如给按钮加一些 icon 等。

- disabled：可以设置是否可以单击。
- onClick：可以设置按钮的单击事件。
- status：可以设置按钮的状态。
- size：可以设置按钮的尺寸。

分析：可以通过 React 的 PropTypes 来设置类型。

代码如下：

```
//定义一个 Button 组件，里面支持一些属性
import React, { Component, PropTypes } from 'react';
class Button extends Component {
    return (
        <button onClick={this.handleClick}
            style={this.props.style}
            disabled={this.state.disabled}
            className={className}
        >
            { this.props.children }
        </button>
    )
}
Button.propTypes = {
    children: PropTypes.any,
    className: PropTypes.string,
    disabled: PropTypes.bool,
    onClick: PropTypes.func,
    status: PropTypes.string,
    size: PropTypes.string
};
```

2. state

作为 React 中数据流转的另一种方式，可以通过 state 使父组件对子组件进行数据传递。

当 state 发生变化的时候，同时会触发对应的生命周期方法。

其实每一个组件都有自己的 state，而且它是在组件内部。

（1）通过什么修改 state？

可以通过 setState 方法来设置。

render 函数会被调用，如果返回值发生变化，真实的 DOM 也会被更新。

（2）通过什么来初始化 state？

可以通过 getInitialState 来设置默认值。

（3）哪些合适放到 state 中？

比如一些 loading 状态、列表数据等。

综合案例分析

下面通过一个具体的案例来介绍 props 和 state 的应用场景。

需求：有一个搜索结果页面，当用户输入搜索内容并单击"搜索"按钮之后，搜索列表会自动更新。

具体 UI 如图 4.8 所示。

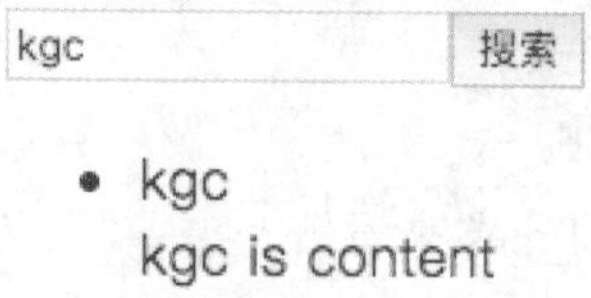

```
kgc                    搜索
```

· kgc
kgc is content

图 4.8   state 和 props 的应用案例

分析：

state 的场景：把搜索查询的结果放到 state 中，取名 list，这样 list 发生变化的时候，会重新触发 render 方法，搜索列表的 UI 会自动刷新。

props 的场景：搜索结果是一个数组格式，可新建一个 SearchItem 组件，循环生成多个搜索项，把 list 的数据通过 props 的方式传递到子组件 SearchItem 中。

（1）创建一个 SearchPage 组件，定义一个 SearchPage.js 文件。

代码片段如下：

```
module.exports = React.createClass({
    //定义初始的 state
    getInitialState: function() {
      return {
        list: []
      }
    }
    // "搜索" 按钮的单击事件
    clickBtnSearch: function () {}
    render: function () {}
});
```

（2）在 render 里面加入输出的内容，包含：

● 搜索输入框。
● "搜索" 按钮。
● 搜索结果列表。

对应搜索结果列表，先获取 state 中的 list 值，当长度大于 0 的时候会调用 underscore 的 map 方法来循环生成列表，同时 render 函数内部把每一条数据以 props 的方式传递给 SearchItem 组件。

代码片段如下：

```
render: function () {
    //搜索结果默认为空
    var listItemViews = '';
    //获取 state 的 list 值
    var data = this.state.list;
    //判断是否有数据，循环生成多条搜索结果项
    if (data.length) {
      //调用 underscore 的 map 方法
```

```
        listItemViews = _.map(data, function (d, i){
            //调用子组件 SearchItem，通过 props list 把数据传递过去
            return <SearchItem list={d} key={i} />
        }, this);
    }
    return (
        <div className="search-box">
            <div className="search-header">
                    //通过 ref 设置一个值，在其他地方可以通过 refs 获取
                    <input ref="searchInput" defaultValue="kgc" placeholder="搜索内容"/>
                    <button onClick={this.clickBtnSearch}>搜索</button>
            </div>
            <ul className="search-list">
                    {listItemViews}
            </ul>
        </div>
    )
}
```

（3）定义一个 SearchItem 组件获取 props 传递过来的数据，然后输出单条搜索项，代码片段如下：

```
module.exports = React.createClass({
    render: function () {
        //props 获取数据
        var data = this.props.list;
        return (
            <li>
                <div className="search-list-name">{data.name}</div>
                <div className="search-list-content">{data.content}</div>
            </li>
        )
    }
});
```

（4）"搜索"按钮的单击事件，先获取输入框输入的值，然后调用 setState 来设置 state，代码片段如下：

```
clickBtnSearch: function () {
    //通过 refs 获取输入框的值
    var value = this.refs['searchInput'].value;
    //为了模拟，这里设置了一些假数据，在真实场景下会发送请求来获取数据
    this.setState({
        list: [
            {
                name: 'kgc',
                content: 'kgc is content'
            }
```

```
        ]
    });
}
```

通过以上完整的示例可以清楚地明白 state 和 props 的各自使用方式。

下面再提三点注意事项：

（1）修改 state 时不要使用 this.state，而应该使用 setState。

（2）state 中不要保存一些通过复杂运算计算出来的值。

（3）props 不但可以传递数据，而且可以用作事件处理器。

在了解了 React 组件间传递数据的方式后，就可以解答刚才的一个疑问了：React 为什么不像其他前端框架一样，通过模板引擎来定义 HTML 片段和数据呢？

反观模板，它有如下问题：

（1）模板和数据的绑定不如 JSX 智能。

在 JSX 中，一般用{}来包裹数据变量，当然也支持输出一些 React 组件变量。可以通过 state 和 props 来传递数据，比如当 state 数据发生变化的时候，会重新触发 render 方法，JSX 中的变量对应的数据会自动更新，DOM 元素也会自动更新。

下面就以 state 数据输出 li 为例，来介绍它的实现过程。

创建一个 listItem 组件，里面的数据从 state 对象的 list 中获取，输出的 li 中有一个 data.name 的变量。代码示例如下：

```
var listItem = React.createClass({
    render: function () {
        var data = this.state.list;
        return (
            <li>
            {data.name}
            </li>
        )
    }
})
```

当有地方通过 setState 来修改 list 的时候，listItem 组件会重新触发 render 方法，这里面的 data.name 会被重新赋值，对应的 DOM 节点也会重新更新。

（2）嵌套模板中不同数据源的处理方式比较单一。

在传统的模板引擎中，如果要循环生成 ul-li 列表的话，一般都是把数据放置到一个数据对象中，然后按照模板支持的循环语法进行操作。代码示例如下：

```
<ul>
<!-- 循环语句 for-->
<%for(var i=0;i<list.length;i++){%>
<li><%=list[i].name%></li>
<%}%>
</ul>
```

对比 JSX 中的语法，把 li 封装成一个独立的组件，通过 props 的方式来传递数据。具体步骤如下。

第一步：创建一个 SearchItem 组件，通过 render 的方式输出 li。

```
var SearchItem = React.createClass({
    render: function () {
        var data = this.props.list;
        return (
                <li>
                {data.name}
                </li>
        )
    }
})
```

第二步：创建一个组件 SearchItem，在 render 方法中，通过 underscore 的 map 方法循环调用 SearchItem 组件，生成多个 li。

```
var SearchItem = React.createClass({
    render: function () {
        var data = this.state.list;
        var listItemViews = '';
        //循环生成 li
        if (data.length) {
            listItemViews = _.map(data, function (d, i){
                return <SearchItem list={d} key={i} />
            }, this);
        }
        return (
                <ul>
                {listItemViews}
                </ul>
        )
    }
});
```

（3）模板语言的可扩展性较差。

从上面的循环示例中可知，JSX 完全可以沿用 JavaScript 的语法来处理诸如循环等操作，而模板引擎在这些方面则需要设计特殊的语法糖来处理。比如开发者一般都会给数据字段增加一些过滤或者转换运算，在模板引擎中需要支持一些类似 filter 的特殊处理，但是在 JSX 中直接通过 JavaScript 的运算特性就可以转换了。

当然，开发者也可以不选择 JSX 来编写 React 代码，但是从开发效率、组件的易用性和可读性等方面考虑，我们推荐使用它。

以下工具可以转换 JSX：

● Babel：6 版本开始使用 babel-preset-react，主要还是 babelify。

● JSX Compiler：官方在最新版本中已经弃用此工具，因此不建议使用。

● 通过 Node.js 的包管理工具 NPM 安装 react-tools，自带 jsx 命令行工具来转换。

3 React 组件化

通过前面的案例可以发现，在 React 的实际开发中，一切皆组件，组件是可以互相嵌套的，而且可以通过 state 来设置状态。

3.1　组件生命周期

大部分的组件系统都存在生命周期，熟悉生命周期会利于第三方库的集成。生命周期基本分为 3 个部分：挂载、更新、卸载。

1. 挂载——Mount

一个组件最终能够插入到真实的 DOM 中，需要经历如图 4.9 所示的几个过程。

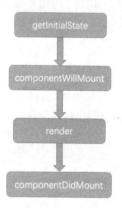

图 4.9　Mount 的生命周期流程

（1）getInitialState。可以设置组件的初始 state，每次创建组件实例的时候都会被调用一次。这里要强调一下，它必须返回一个对象或者空（null），不然会抛错。

（2）componentWillMount。它在组件即将插入 DOM 的时候被调用，也是在 render 调用之前可以修改组件 state 的最后机会。

（3）render 组件。这是必需的方法，主要用于组件的输出。

此过程满足以下几点：

- 可以返回 null、false 和 react 组件。
- 只能出现一个根组件。

这里注意一下，render 返回的不是真正的 DOM，是虚拟 DOM。当组件输出变化的时候，它会做对比，然后来判断是否需要更新 DOM。

（4）componentDidMount。它在插入 DOM 之后被调用，可以获取 DOM 元素，一般用来整合其他类库，比如 jQuery 的 Ajax 请求可以在这里定义，当然也可以通过 getDOMNode 方法来获取元素。

2. 更新——Update

当状态发生改变的时候，需要判断，然后更新到之前的 DOM 中，如图 4.10 所示。

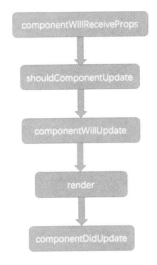

图 4.10 Update 的生命周期流程

（1）componentWillReceiveProps。组件的属性值可以通过父组件来更改。当组件接收到新的属性值时被调用，参数 nextProps 可以和 this.props 做比较。

（2）shouldComponentUpdate。它是可选的生命周期钩子函数，一般很少用到，可以决定是否触发组件的重新渲染。如果组件不需要更新，就返回 false。

（3）componentWillUpdate。即将更新 DOM 之前将其触发，它有两个参数：nextProps 和 nextState。

（4）render。它用于组件的输出，可以返回组件或者空（null）。

（5）componentDidUpdate。更新 DOM 之后将其触发，它有两个参数：prevProps 和 prevState。

3．卸载——Unmount

当需要删除和销毁组件的时候可以调用 componentWillUnmount 方法。一般在设计组件的时候都会加上它，来删除对应的数据和事件等。

可以直观地看到，React 的生命周期大致分为以上三部分，在真实的 React 开发过程中会时常地应用到它们，并结合它们来完成一些业务代码的集成开发。它们和状态机类似，伴随着组件的整个生命周期。

3.2 编写一个完整的 Button 组件

以 Button 组件为例，编写一个完整的 React 组件。

上面提到了组件的生命周期，以及 state 和 props 等，下面介绍如何设计一个完整的 Button 组件。

（1）引入依赖。

通过 ES6 模块化来加载 React，代码示例如下：

```
import React, { Component, PropTypes } from 'react';
```

Chapter

4

（2）定义组件。

通过 ES6 的写法来定义组件，代码示例如下：

```
class Button extends Component {
}
```

（3）设置必需的 render 方法。

最终输出的是 HTML 中的标签 Button 组件。

```
class Button extends Component {
    return (
        <button onClick={this.handleClick}
            style={this.props.style}          //JSX 的语法，直接读取属性里面的 style
            disabled={this.state.disabled}
            className={className}
        >
            {this.props.children}
        </button>
    );
}
```

（4）设置 Button 组件的属性以及对应的类型。

组件支持一些属性，比如：

- className：可以设置按钮的 class。
- children：可以设置子元素，比如给按钮加一些 icon 等。
- disabled：可以设置是否可以单击。
- onClick：可以设置按钮的单击事件。
- status：可以设置按钮的状态。
- size：可以设置按钮的尺寸。

代码示例如下：

```
Button.propTypes = {
    children: PropTypes.any,
    className: PropTypes.string,
    disabled: PropTypes.bool,
    onClick: PropTypes.func,
    status: PropTypes.string,
    size: PropTypes.string
};
```

（5）设置默认 state 和事件绑定。

通过 constructor 的方式来定义默认的 state 和绑定一个名为 handleClick 的函数，代码示例如下：

```
constructor (props) {
    //采用 super 方法
    super(props);
    //设置 state 对象里面加入 disabled
    this.state = {
        disabled: props.disabled
```

```
    };
    this.handleClick = this.handleClick.bind(this);
}
```

（6）支持按钮的事件。

上面在初始化的时候绑定了一个名为 handleClick 的事件，代码示例如下：

```
handleClick() {
    //判断 state 里面的 disabled 是否为 true，如果是，单击无效，直接返回
    if(this.state.disabled){
        return false;
    }
    //判断 props 里面的 onClick，如果有配置，直接触发
    if (this.props.onClick) {
        this.props.onClick();
    }
}
```

（7）处理 className。

采用一个不错的第三方工具包 classnames，代码示例如下：

```
//ES6 方式引入 classnames
import classnames from 'classnames';
//调用 classnames 来合并 props 传递的 className
const className = classnames(
        this.props.className,
        'kgc-btn'
);
```

本章总结

- MVC、MVP、MVVM 的分层思想和它们之间的区别。
- React 除了是一个前端类库，还是一个状态机，相比 MVC，它更多关注 View 层，可以应用在多个平台，比如 React Native 可以跨端。
- 两种不同的方式来安装 React：可以通过 script，也可以通过 NPM。
- JSX 的特殊语法及其和 HTML 的区别。
- 使用 JSX 的好处，比如更关注分离以及可以应用一些动态的值等。
- props 和 state 的使用场景和各自的用法。
- 生命周期的各部分及注意点。
- 以 Button 组件为例熟悉用 ES6 的语法来组装一个 React 组件。

本章作业

1．MVC、MVP、MVVM 的分层思想和区别是什么？

2．如何安装 React？

3．state 有什么用？

4. props 有什么用？

5. state 和 props 有什么区别？

6. render 函数返回值有哪些？

7. React 的 JSX 有什么特殊的地方？

8. React 的生命周期主要包含哪些？

第 5 章

Flux

本章技能目标

本章技能目标

- 熟悉 Flux 的基础知识——数据流
- 熟悉 Flux 分层的每个部分的含义
- 熟悉 Flux 分层的每个部分的作用

本章简介

　　React 本身只是一个 UI 层的框架,如果要处理复杂的大型前端应用,就需要一个类似 MVC 分层的模式。这里我们推荐 Flux。

　　Flux 也来自 Facebook,而且可以很方便地和 React 结合在一起。本章通过一个 Todo 组件 的案例设计结合分析 Flux 的每一层具体的作用和实现。

以下是官网上一段关于 Flux 的描述：

Flux is the application architecture that Facebook uses for building client-side web applications. It complements React's composable view components by utilizing a unidirectional data flow. It's more of a pattern rather than a formal framework, and you can start using Flux immediately without a lot of new code.

和 React 一样，Flux 也来自于 Facebook，用于建立客户端 Web 应用的前端架构。它利用单向数据流补充 React 的组合视图组件。Flux 更多是一种模式而不是一种框架，无需太多新代码就可以快速上手。

1 安装

可以通过以下两种方式来安装 Flux：

（1）NPM 安装。

首先配置 package.json 文件，具体如下：

```
"dependencies": {
    "flux": "2.1.1"
}
```

然后执行如下命令完成安装：

```
$ npm i
```

注意：这里我们安装的是 2.1.1 版本，目前最新的版本是 3.1.3（官网地址：https://github.com/facebook/flux）。

（2）script 加载。

```
<script src="./flux.js"></script>
```

这里的 src 可以是 CDN 的地址，也可以是本地的相对路径。

这两种方式都可以安装 Flux，推荐使用第一种方式。

2 基础知识

Flux 是一种模式，在这种模式下引入了一些新的名词。下面来学习一下 Flux 的基础知识。

Flux 分为如下几个模块：

- Action：动作，一般是用户界面的交互动作，比如用户单击等。
- Dispatcher：分发器，用于接受 Action。
- Store：存储各种数据状态。
- View：视图，用户界面（包含组件等）。

结合第 4 章介绍过的 MV*的分层模块，我们会发现 Flux 相对复杂一些，出现了一些新的类似 Dispatcher 的词汇。

在介绍这几个模块的具体用途之前，需要先了解一个基础知识：数据流（data flow）。

在第 4 章里面提到了 React 通过 state 和 props 进行父子组件的数据传递，这种方式也可以称为数据流，即数据从一方流向另一方。

在 Flux 中，每一个部分都不是孤立的，整体会形成一个单向流动的数据，一般称为数据流（data flow）。

从官网抽取的关于数据流变化的最基础的图例如图 5.1 所示。

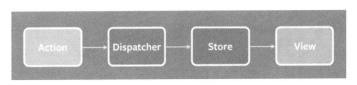

图 5.1　Flux 最基础的单向数据流

一个 Action（动作）触发，Dispatcher 收到之后，要求 Store 进行更新，Store 更新之后就触发 change 事件，当 View 收到 Store 的 change 事件之后会更新页面。

但有时候 View 和 Dispatcher 之间会增加一层 Action，如图 5.2 所示。

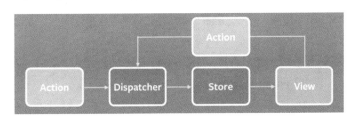

图 5.2　View 和 Dispatcher 交互

这种场景也比较常见，比如 View 上用户操作触发了 Action，后面的流程和图 5.1 类似。整体来讲数据是"单向流动"，任何层之间都不会发生"双向流动"。

下面介绍 Flux 中每一个层具体都负责什么事情，以及他们之间的关系。

（1）Action。

Action 是整个数据流的起点，一般是一个对象，对外暴露一些方法。它内部依赖 Dispatcher，对外暴露的方法会把 View 层的行为通过 dispatch 方法传递给 Dispatcher。

（2）Dispatcher。

Dispatcher 是一个事件调度中心，管理 Flux 中的数据流，对外暴露对应的接口让 Action 来调用，同时也接收 Action 传递的参数。它位于 View 和 Store 之间，负责将 Action 派发到 Store 中。使用方式如下：

```
//依赖 Flux 的 Dispatcher
var Dispatcher = require('flux').Dispatcher;
//通过 new 来创建
var AppDispatcher = new Dispatcher();
```

可以通过 register 方法来注册在 Action 中约定的 actionType，再调用 Store 的方法。代码示例如下：

```
AppDispatcher.register(function (action) {
    switch(action.actionType) {
        case '**':
    }
})
```

（3）Store。

Store 有些类似 MV*架构模式里面的 Model，负责封装业务逻辑和数据之间的交互。它包含所有的数据，同时提供操作数据的方法。使用方式如下：

```
//依赖 events 的 EventEmitter
var EventEmitter = require('events').EventEmitter;
//依赖第三方工具包 object-assign
var assign = require('object-assign');
//创建一个 ListStore
var ListStore = assign({}, EventEmitter.prototype, {
})
```

（4）View。

View 是视图部分，一般都是用 React 编写的 UI 组件。业务逻辑不在 View 中，一般通过交互行为（比如单击事件）调用 Action 中提供的方法。

当然 View 也可以响应 Store 的 change 事件，触发不同的操作。

综合案例分析

下面以一个具体案例来解释 Flux 中各个模块的设计和内容。

需求：制作一个 TodoList 的操作界面，可以完成新建、删除等操作。运行界面如图 5.3 所示。

图 5.3　TodoList 案例

案例项目的目录结构如图 5.4 所示。

图 5.4　Flux 架构下的目录结构

几个关键目录的作用如下：

- actions 文件夹：放置 Action 文件，这里是 TodoActions.js。
- dispatcher 文件夹：放置 Dispatcher 文件，这里是 AppDispatcher.js。

- stores 文件夹：放置 Store 文件，这里是 TodoStore.js。
- components 文件夹：放置 View 的组件文件，这里是 TodoItem.js 和 TodoApp.js。

关键代码分析：

（1）TodoApp。

通过对 UI 界面的分析把组件进行拆分，可以把 View 层分为如图 5.5 所示的几个模块。

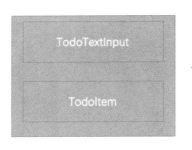

图 5.5　Todo 案例展示

根组件 TodoApp 里面包含了两个子组件：

- TodoTextInput：输入 Todo 的组件。
- TodoItem：展示已填写的 Todo 组件。

（2）TodoItem 组件。

在图 5.3 中，右下方有一个"删除"按钮。可以在 TodoItem 组件中增加对应的视图来实现该效果，参考代码如下：

```
//TodoItem
var React = require('react');
//这里依赖了一个 actions 目录下的 TodoActions.js 文件
var TodoActions = require('../actions/TodoActions');
//定义一个 TodoItem 组件
var TodoItem = React.createClass({
    render: function() {
        <button className="destroy" onClick={this._onDestroyClick} />
    }
});
```

代码中，通过 React.createClass 创建了 TodoItem 组件，调用 render 方法初始化了一个"删除"按钮（button 标签）。然后在这个按钮里面绑定对应的单击事件：_onDestroyClick。代码片段如下：

```
_onDestroyClick: function() {
    //调用 destroy 方法，传递了参数 id
    TodoActions.destroy(this.props.todo.id);
}
```

代码中依赖了一个 TodoActions，调用了它的 destroy 方法，并传递了一个值。

可以看到在 View 层内容很少，需要做的事情很少，业务逻辑不再大量地写在 View 中。一般通过交互行为（比如示例中的单击事件）触发不同的 Action，这样 View 会变得很薄，而且只关注 UI 层本身的交互，大大提高了组件的复用性。

（3）TodoApp 根组件。

TodoApp 根组件也可以响应 Store 的 change 事件：

- 在生命周期方法 componentDidMount 执行的时候，调用 TodoStore 的 addChangeListener 方法，增加监听事件。
- 同时，在生命周期方法 componentWillUnmount 执行的时候，调用 TodoStore 的 removeChangeListener 方法，去掉监听事件。

代码片段如下：

```
//TodoApp
var React = require('react');

//依赖 TodoStore
var TodoStore = require('../stores/TodoStore');

//创建组件 TodoApp
var TodoApp = React.createClass({
  //初始 state
  getInitialState: function() {
    return getTodoState();
  },
  componentDidMount: function() {
    //调用 addChangeListener
    TodoStore.addChangeListener(this._onChange);
  },
  componentWillUnmount: function() {
    //调用 removeChangeListener
    TodoStore.removeChangeListener(this._onChange);
  },
  onChange: function() {
    //调用 setState 方法
    this.setState(getTodoState());
  }
});
```

（4）TodoActions.js。

TodoActions.js 文件依赖了 AppDispatcher.js 文件，对外输出一个 TodoActions 对象，里面包含一个 destroy 方法，具体代码示例如下：

```
//这里依赖了一个 dispatcher 目录下的 AppDispatcher.js 文件
var AppDispatcher = require('../dispatcher/AppDispatcher');

//定义一个名为 TodoActions 的对象
var TodoActions = {
  destroy: function(id) {
    AppDispatcher.handleViewAction({
      actionType: "TODO_DESTROY"
      id: id
```

```
    });
  }
}
```

分析代码可知，这里依赖一个 dispatcher 目录下的 AppDispatcher.js 文件。

创建的对象 TodoActions 有一个 destroy 的 key，其值为一个函数，该函数接收一个 id 的参数，里面实质是调用了如下代码：

```
AppDispatcher.handleViewAction({
    actionType: "TODO_DESTROY",
    id: id
});
```

通过对 AppDispatcher 的 handleViewAction 的调用，传递了一个对象，其中，actionType 对应的值是 TODO_DESTROY。

（5）AppDispatcher.js 文件。

来看一下 AppDispatcher.js 文件的代码，里面定义了 handleViewAction 方法。

```
//依赖 flux
var Dispatcher = require('flux').Dispatcher;

//调用 react/lib 库中的 copyProperties.js
var copyProperties = require('react/lib/copyProperties');

//定义 AppDispatcher
var AppDispatcher = copyProperties(new Dispatcher(), {
  handleViewAction: function(action) {
    this.dispatch({
      source: 'VIEW_ACTION',
      action: action
    });
  }
});
```

通过引入 flux，调用实例化它的 Dispatcher。一般情况下可以简单地生成 Dispatcher 实例：

```
var Dispatcher = require('flux').Dispatcher;
module.exports = new Dispatcher();
```

（6）TodoStore.js 文件。

TodoStore.js 文件中存储了整个 TodoList 应用中所有的数据，它提供如下方法：

- emitChange
- addChangeListener
- removeChangeListener

具体代码如下：

```
//这里依赖了一个 dispatcher 目录下的 AppDispatcher.js 文件
var AppDispatcher = require('../dispatcher/AppDispatcher');
//依赖 Node.js 核心包 events
var EventEmitter = require('events').EventEmitter;
//调用 react/lib 里面的 merge
var merge = require('react/lib/merge');
```

```
var CHANGE_EVENT = 'change';
//定义对象_todos
var _todos = {};
//定义函数 destroy
function destroy(id) {
  delete _todos[id];
}
//定义 TodoStore
var TodoStore = merge(EventEmitter.prototype, {
  emitChange: function() {
    this.emit(CHANGE_EVENT);
  },
  addChangeListener: function(callback) {
    this.on(CHANGE_EVENT, callback);
  },
  removeChangeListener: function(callback) {
    this.removeListener(CHANGE_EVENT, callback);
  }
})

AppDispatcher.register(function(payload) {
  var action = payload.action;
  var text;
  switch(action.actionType) {
    case "TODO_DESTROY":
    destroy(action.id);
    break;
  }
  TodoStore.emitChange();
  return true;
})
```

下面看一下 emitChange 的代码实现，通过 emit 方法触发了一个 change 事件。

```
emitChange: function() {
    this.emit('change');
}
```

通过 register 方法来注册 Action 的回调函数，代码片段如下：

```
AppDispatcher.register(function(payload) {
  var action = payload.action;
  var text;
  switch(action.actionType) {
    case "TODO_DESTROY":
    destroy(action.id);
    break;
  }
  //触发 emitChange 方法
  TodoStore.emitChange();
```

```
    return true;
})
```

这里触发了内部的 destroy 方法，删除了内部对象 _todos 指定的 id 数据。

```
function destroy(id) {
    delete _todos[id];
}
```

通过以上案例详细介绍了 Flux 各个分层模块之间的相互关系，还有没有更好的解决方案呢？

Redux 是由 Flux 演变而来的 JavaScript 状态容器，但同时也受到 Elm 影响，提供可预测的状态管理。它的出现，将 Flux 与函数式编程应用到了复杂交互的 React 项目中。Redux 相关内容将在第 6 章详细介绍，读者可以结合本章一起学习。

本章总结

- Flux 的基础知识——数据流。
- 通过 TodoList 案例熟悉 Flux 中每一层的意义和作用。

本章作业

1. 什么是 Flux？
2. Flux 中数据流如何变化？
3. Flux 中 Action 有什么用？
4. Flux 中 Dispatcher 有什么用？
5. Flux 中 Store 有什么用？

第 6 章

React + Redux 实战

本章技能目标

- 理解 Redux 的作用
- 掌握 Redux 核心概念与接口
- 会使用 React 结合 Redux 实现 TodoList
- 了解单元测试

本章简介

React 只是 Web 应用的视图层，它没有涉及 Web 应用的两个方面：代码组织结构和组件间的通信。如果 Web 应用交互比较复杂，数据来源比较丰富，可以使用 Redux 架构来管理组件的状态，组织整个应用的代码结构。本章将介绍 Redux 架构的精妙之处，从应用场景到设计思想，从基本概念到核心 API，并以 TodoList 为例讲解如何结合 React 和 Redux 创建富交互的应用，最后介绍在该架构下如何进行测试。下面就来了解这个只有 2KB 大小的框架的精巧与强大。

1　为什么使用 Redux

React 是一个 View 层的框架，用来渲染视图，它能够根据 state 的变化来更新 View，一般来说引起 state 变化的动作除了来自外部（如服务器）外，大部分都来自于页面上的用户活动，那页面上的用户活动怎样对 state 产生作用呢？React 中每个组件都有 setState 方法用于改变组件当前的 state，所以可以把更改 state 的逻辑写在各自的组件里，但这样做的问题在于，当项目逻辑变得越来越复杂的时候，将很难理清 state 跟 View 之间的对应关系（一个 state 的变化可能引起多个 View 的变化，一个 View 上面触发的事件可能引起多个 state 的改变）。我们需要对所有引起 state 变化的情况进行统一管理。

Redux 可以用来管理 Web 应用状态，让应用状态的变化可预测。对于大型复杂应用，特别是交互丰富的 Web 应用，事件的触发、Ajax 调用可能非常多，这就使得 React 应用中组件状态的变化非常复杂。如果通过直接修改组件状态的方式更新视图，组件状态的变化管理会异常复杂，不易维护，也不易于调试复现 Bug。这时就需要一种规范的维护组件状态的模式，Redux 架构就充当了这个角色，它是管理应用状态的一套解决方案或者说编码规范。Redux 借鉴命令模式[①]的思想，以 Action 的形式定义了组件状态变化的意图，让组件状态的变化变得可预测、可回溯，同时将状态都保存在一个单一的 Store 中，集中管理应用状态。Redux 使用 Reducer 根据某一时刻的状态和变化意图（Action）计算下一个应用状态，以达到状态变化的目的，而 React 就可以基于变化后的应用状态自动渲染视图。

React 是应用的视图层，可以用如下方程来表示：

$$View = f(props, state)$$

这体现了模型和视图的绑定关系，属性和状态唯一确定一个视图。通常，视图层不应该请求数据，也不应该维护模型（业务数据）甚至 UI 状态的管理，而只是基于 props 和 state 高效地渲染界面。去服务器请求数据和应用状态的管理都可以让 Redux 来做，特别是在多交互、多数据源的时候，更应该使用 Redux 来组织应用代码。从组件的角度，Redux 特别适用于以下场景：

- 某个组件的状态，需要共享（组件间通信）。
- 一个组件需要改变另一个组件的状态（组件间通信）。
- 某个状态需要在任何地方都可以拿到（读全局状态）。
- 一个组件需要改变全局状态（写全局状态）。

发生以上情况时，如果不使用 Redux 或者其他状态管理工具，不按照一定规律处理状态的读写，代码很快就会变成一团乱麻。因此需要一种机制，可以在同一个地方查询状态、改变状态、传播状态的变化。

Redux 还提供了一些有用的功能：使开发者能够方便地序列化记录用户操作，能够设置状态快照，从而方便地进行 Bug 报告与开发时的错误重现；能够在开发过程中实现状态历史的回溯（Time Travel），或者根据 Action 的历史重现状态；能够添加重做或者撤销功能而不需要

---

① https://chenjin3.github.io/JavaScript%E8%AE%BE%E8%AE%A1%E6%A8%A1%E5%BC%8F-%E4%B8%80/#section-17。

重构代码；能够方便地将应用状态存储到本地并且重启动时能够读取恢复状态。下面来看看怎样实现撤销与重做。

1.1　撤销与重做

在应用中构建撤销与重做功能往往需要开发者付出一些精力。对于经典的 MVC 框架来说，这不是一个简单的问题，因为开发者需要克隆所有相关的 Model 来追踪每一个历史状态。此外，还需要考虑整个撤销堆栈，因为用户的初始更改也是可撤销的。这意味着在 MVC 应用中实现撤销与重做功能时，不得不使用命令模式来重写应用代码。

然而开发者可以用 Redux 轻而易举地实现撤销历史，如图 6.1 所示。

图 6.1　撤销与重做

在图 6.1 中可以输入 Todo 项并单击 Add 按钮添加项目，可通过下方 Undo 按钮撤销添加，还可通过 Redo 按钮重新添加刚撤销的 Todo 项。

撤销历史也是应用状态的一部分，当实现撤销与重做功能时，无论 state 如何随着时间不断变化，都需要追踪其在不同时刻的历史记录。为此，无论何种特定的数据类型，重做历史记录的 state 结构都可以设计为如下：

```
{
    past: Array<T>,
    present: T,
    future: Array<T>
}
```

下面讨论一下如何通过算法来操作上文所述的 state 结构。可以定义两个 Action 来操作该 state：Undo 和 Redo。在 Reducer 中，以如下步骤处理这两个 Action：

（1）处理 Undo。

● 　移除 past 中的最后一个元素。

● 　将上一步移除的元素赋予 present。

● 　将原来的 present 插入到 future 的最前面。

（2）处理 Redo。

● 　移除 future 中的第一个元素。

● 　将上一步移除的元素赋予 present。

● 　将原来的 present 追加到 past 的最后面。

（3）处理其他 Action。

● 　将当前的 present 追加到 past 的最后面。

● 将处理完 Action 所产生的新的 state 赋予 present。

● 清空 future。

读者可以按照上述算法自行实现有撤销与重做功能的 Reducer，也可以使用像 Redux Undo 这样的库，可以通过如下命令安装这个库：

```
npm install -save redux-undo
```

具体使用方法参见 GitHub 地址：https://github.com/omnidan/redux-undo。

1.2　Redux DevTools 调试工具

Redux DevTools[①]是 Redux 的一个热更新的编辑环境，它提供了有用的时间旅行功能，如图 6.2 所示。

图 6.2　Redux DevTools

Redux DevTools 主要功能如下：

（1）可以检查所有 state 和 Action。

（2）可以通过取消 Action 返回之前的状态。

（3）如果更新代码（Reducer 部分），所有相关的 Action 会被重新计算。

（4）如果 Reducer 抛出错误，开发者可以看到这是在哪个 Action 发生时出现的。

（5）通过 persistState()接口，开发者可以持久化调试会话的当前状态，以便在页面刷新后恢复错误现场。

---

① https://github.com/gaearon/redux-devtools。

Redux DevTools 是一个增强 Redux 开发工作流的工具包，一般只在开发环境使用。使用 Redux DevTools 需要选择性地使用监视器（Monitor），监视器是 Redux DevTools 提供的一种方便调试的 React UI 组件的插件。建议使用 LogMonitor 插件来检查 state 和时间旅行。还可以将 LogMonitor 包在 DockMonitor 中，以便在屏幕上方便地移动调试插件[①]。

另外，如果读者使用过 Flux 框架，就会发现 Redux 比 Flux 更简单易用。和 Flux 的实现不一样，Redux 只有唯一的状态树（state tree），不管项目变得有多复杂，也仅仅需要管理一个状态树，而且 Redux 没有 Flux 中的 Dispatcher，而是使用 Reducer 来进行事件处理。Reducer 可以通过根 Reducer 统一管理，不像 Flux 中的每个 Store 和对应的 View Controller 各自为战，这种组合模式的应用和 React 的组件一样，显得更加有序。

另一方面，由于 Redux 用 Action 对象描述了所有同步或异步的事件（UI 事件、数据请求等），即使没有对应的事件发生，也可以"伪造"一个出来，因而非常利于测试。

2　Redux

上一小节已经对 Redux 的一些概念有所介绍，本节将进行详细阐述。

2.1　Redux 设计思想

Redux 的设计思想非常简单，只需要记住以下三句话：

（1）Web 应用是一个状态机，视图与状态是一一对应的。

（2）所有状态保存在一个对象 Store 里面。

（3）状态是只读的，使用纯函数执行修改。

将应用抽象为一个状态机是一种优雅的设计，相比于用例或业务流程，应用的状态能更加反应应用的本质，也更加简洁。因为状态的迁移可以衍生出很多用例或使用流程，而所有状态都保存在一个对象 Store 中，使得应用只有一个单一的数据源，这让同构应用的开发和调试变得更容易，以前难以实现的如"撤销/重做"这类功能也变得轻而易举。state 是只读的，唯一改变 state 的方法就是派发一个用于描述已经发生事件的 Action 对象。这样确保了视图和网络请求都不能直接修改 state，相反它们只能表达想要修改的意图，因为所有的修改都被集中化处理，且严格按照一个接一个的顺序执行。为了描述 Action 如何改变状态树（state tree），需要编写 Reducer。Reducer 是一些纯函数，它接收先前的 state 和 Action，并返回新的 state。刚开始可以只有一个 Reducer，随着应用变大，可以把它拆成多个小的 Reducers，分别独立地操作状态树的不同部分。

下面就来深入认识 Redux 中的这些核心组件。

---

① https://github.com/gaearon/redux-devtools-dock-monitor。

2.2　Redux 核心概念与 API

（1）Store。

Redux 应用只有一个单一的 Store。Store 是保存数据的地方，可以把它看成一个容器，里面保存了应用的 state。

Redux 提供 createStore 函数来生成 Store，如下：

```
import { createStore } from 'redux';
const store = createStore(fn);
```

上面代码中，createStore 函数接受另一个函数作为参数，返回新生成的 Store 对象。

（2）state。

Store 对象包含所有数据。如果想得到某个时点的数据，就要对 Store 生成快照。这种时点的数据集合就叫做 state。

当前时刻的 state 可以通过 store.getState()拿到，代码如下：

```
import { createStore } from 'redux';
const store = createStore(fn);
const state = store.getState();
```

Redux 规定，一个 state 对应一个 View，只要 state 相同，View 就相同。知道 state 就知道 View 是什么样了，反之亦然。

（3）Action。

state 的变化会导致 View 的变化，但是用户接触不到 state，只能接触到 View。所以 state 的变化必须是 View 导致的。Action 就是 View 发出的通知，表示 state 应该要发生变化了。

Action 是一个对象。其中的 type 属性是必需的，表示 Action 的名称。其他属性可以自由设置，如下：

```
const action = {
    type: 'ADD_TODO',
    payload: 'Learn Redux'
};
```

上面代码中，Action 的名称是 ADD_TODO，它携带的信息是字符串 Learn Redux。

可以这样理解，Action 描述当前发生的事情，改变 state 的唯一办法，就是使用 Action，它会运送数据到 Store。

（4）Action Creator。

View 要发送多少种消息，就会有多少种 Action。如果都手写，会很麻烦。可以定义一个函数来生成 Action，这个函数就叫 Action Creator，如下：

```
const ADD_TODO = '添加 TODO';
function addTodo(text) {
    return {
        type: ADD_TODO, text
    }
}
const action = addTodo('Learn Redux');
```

上面代码中，addTodo 函数就是一个 Action Creator。

（5）store.dispatch()。

store.dispatch()是 View 发出 Action 的唯一方法，如下：

```
import { createStore } from 'redux';
const store = createStore(fn);
store.dispatch({
    type: 'ADD_TODO',
    payload: 'Learn Redux'
});
```

上面代码中，store.dispatch 接受一个 Action 对象作为参数，将它发送出去。

结合 Action Creator，这段代码可以改写，如下：

```
store.dispatch(addTodo('Learn Redux'));
```

（6）Reducer。

Store 收到 Action 以后，必须给出一个新的 state，这样 View 才会发生变化。这种 state 的计算过程就叫做 Reducer。Reducer 是一个函数，它接受 Action 和当前 state 作为参数返回一个新的 state，如下：

```
const reducer = function (state, action) {
    //...
    return new_state;
};
```

整个应用的初始状态可以作为 state 的默认值，如下：

```
const defaultState = 0;
const reducer = (state = defaultState, action) => {
switch (action.type) {
    case 'ADD':
        return state + action.payload;
    default:
        return state;
    }
};
const state = reducer(1, {
type: 'ADD', payload: 2
});
```

上面代码中，Reducer 函数收到名为 ADD 的 Action 以后，就返回一个新的 state 作为加法的计算结果。其他运算的逻辑（比如减法）也可以根据 Action 的不同来实现。

实际应用中，Reducer 函数不用像上面这样手动调用，store.dispatch 方法会触发 Reducer 的自动执行。为此，Store 需要知道 Reducer 函数，做法就是在生成 Store 的时候，将 Reducer 传入 createStore 方法。

```
import { createStore } from 'redux';
const store = createStore(reducer);
```

上面代码中，createStore 接受 Reducer 作为参数，生成一个新的 Store。以后每当 store.dispatch 发送过来一个新的 Action 时，就会自动调用 Reducer，得到新的 state。

为什么这个函数叫做 Reducer 呢？因为它可以作为数组的 reduce 方法的参数。请看下面的例子，一系列 Action 对象按照顺序作为一个数组。

```
const actions = [
{ type: 'ADD', payload: 0 },
{ type: 'ADD', payload: 1 },
{ type: 'ADD', payload: 2 }
];
const total = actions.reduce(reducer, 0); //3
```

上面代码中，数组 actions 表示依次有三个 Action 对象，分别是加 0、加 1 和加 2。数组的 reduce 方法接受 Reducer 函数作为参数，就可以直接得到最终的状态 3。

Reducer 函数负责生成 state。由于整个应用只有一个 state 对象，其包含所有数据，对于大型应用来说，这个 state 必然十分庞大，导致 Reducer 函数也十分庞大。

```
const chatReducer = (state = defaultState, action = {}) => {
    const { type, payload } = action;
    switch (type) {
        case ADD_CHAT:
            return Object.assign({}, state, {
                chatLog: state.chatLog.concat(payload)
                });
        case CHANGE_STATUS:
            return Object.assign({}, state, {
                statusMessage: payload
                });
        case CHANGE_USERNAME:
            return Object.assign({}, state, {
                userName: payload
                });
        default: return state;
    }
};
```

上面代码中，三种 Action 对象分别改变了 state 的三个属性，如下：

ADD_CHAT：chatLog 属性
CHANGE_STATUS：statusMessage 属性
CHANGE_USERNAME：userName 属性

这三个属性之间没有联系，因此可以把 Reducer 函数拆分。不同的函数负责处理不同属性，最终把它们合并成一个大的 Reducer 函数即可，如下：

```
const chatReducer = (state = defaultState, action = {}) => {
    return {
        chatLog: chatLog(state.chatLog, action),
        statusMessage: statusMessage(state.statusMessage, action),
        userName: userName(state.userName, action)
    }
};
```

上面代码中，Reducer 函数被拆成了三个小函数，每一个负责生成对应的属性。这样一拆，Reducer 函数就易读易写多了。而且，这种拆分与 React 应用的结构相吻合：一个 React 根组件由很多子组件构成。这就是说，子组件与子 Reducer 函数完全可以对应。

Redux 提供了一个 combineReducers()方法，用于 Reducer 函数的拆分。只要定义各个子 Reducer 函数，然后用这个方法，将它们合成一个大的 Reducer 函数即可，如下：

```
import { combineReducers } from 'redux';
const chatReducer = combineReducers({
    chatLog,
    statusMessage,
    userName
})
export default todoApp;
```

上面的代码通过 combineReducers()方法将三个子 Reducer 函数合并成一个大的函数。这种写法有一个前提，就是 state 的属性名必须与子 Reducer 函数同名，如果不同名，就要采用下面的写法：

```
const reducer = combineReducers({
    a: doSomethingWithA,
    b: processB,
    c: processC
    })
//等同于
function reducer(state = {}, action) {
    return {
        a: doSomethingWithA(state.a, action),
        b: processB(state.b, action),
        c: processC(state.c, action)
    }
}
```

总之，combineReducers()所做的就是产生一个整体的 Reducer 函数，该函数根据 state 的 key 去执行相应的子 Reducer 函数，并将返回结果合并成一个大的 state 对象。

也可以把所有子 Reducer 函数放在一个文件里面，然后统一引入，如下：

```
import { combineReducers } from 'redux'
import * as reducers from './reducers'
const reducer = combineReducers(reducers)
```

（7）Store.subscribe()。

Store 允许使用 subscribe()方法设置监听函数，一旦 state 发生变化，就自动执行这个函数，如下：

```
import { createStore } from 'redux';
const store = createStore(reducer);
store.subscribe(listener);
```

显然，只要把 View 的更新函数（对于 React 项目，就是指组件的 render 方法或 setState 方法）放入 listener，就会实现 View 的自动渲染。store.subscribe()方法返回一个函数，调用这个函数就可以解除监听，如下：

```
let unsubscribe = store.subscribe(() =>
    console.log(store.getState())
```

```
);
unsubscribe();
```

2.3 Redux 工作流程

Redux 工作流程如图 6.3 所示。

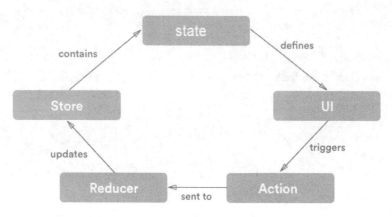

图 6.3　Redux 工作流程

（1）用户操作 UI，触发事件，发起 Action：

```
store.dispatch(action);
```

（2）Store 将 Action 发送给 Reducer，并自动调用 Reducer 传入两个参数：当前 state 和收到的 Action。Reducer 会返回新的 state：

```
let nextState = todoApp(previousState, action);
```

（3）state 一旦有变化，Store 就会调用监听函数：

```
//设置监听函数
store.subscribe(listener);
```

（4）listener 可以通过 store.getState()得到当前状态。如果使用的是 React，这时可以触发重新渲染 View：

```
function listerner() {
    let newState = store.getState();
    component.setState(newState);
}
```

2.4 react-redux 的用法

为了方便使用，Redux 的开发者封装了一个 React 专用的库 react-redux[1]，这个库是可以选用的。在实际项目中，开发者应该权衡一下，是直接使用 Redux，还是使用 react-redux。后者虽然提供了便利，但是需要掌握额外的 API，并且要遵守它的组件拆分规范。

---

[1] https://github.com/reactjs/react-redux。

react-redux 将所有组件分成两大类：展示组件（也叫 UI 组件）和容器组件。展示组件有以下特点：

- 只负责 UI 的呈现，不带有任何业务逻辑。
- 没有状态（即不使用 this.state 这个变量）。
- 所有数据都由参数（this.props）提供。
- 不使用任何 Redux 的 API。

下面就是一个展示组件的例子。

```
const Title = value => <h1>{value}</h1>;
```

因为不含有状态，展示组件又称为"纯组件"，即它像纯函数一样，纯粹由参数决定它的值。而容器组件与此不同，它不负责 UI 的呈现，而是负责管理数据和业务逻辑，带有内部状态，使用 Redux 的 API。也就是说展示组件负责 UI 的呈现，容器组件负责管理数据和逻辑。

如果一个组件既有 UI 又有业务逻辑，那么就将它拆分成外面是一个容器组件、里面包含一个展示组件的结构。前者负责与外部的通信，将数据传给后者，由后者渲染出视图。

react-redux 规定，所有的展示组件都由用户提供，容器组件则是由 react-redux 自动生成。也就是说，用户负责视觉层，状态管理则全部交给 react-redux。

下面介绍 react-redux 的核心组件。

（1）connect()。

react-redux 提供 connect()方法，用于从展示组件生成容器组件。connect 的意思就是将这两种组件连起来。

```
import { connect } from 'react-redux'
const VisibleTodoList = connect()(TodoList);
```

上面代码中，TodoList 是展示组件，VisibleTodoList 就是由 react-redux 通过 connect()方法自动生成的容器组件。

但是，因为没有定义业务逻辑，上面代码中的容器组件毫无意义，只是展示组件的一个单纯的包装层。为了定义业务逻辑，需要给出以下两方面的信息：

- 输入逻辑：外部的数据（即 state 对象）如何转换为展示组件的参数。
- 输出逻辑：用户发出的动作如何变为 Action 对象，从展示组件传出去。

因此，connect()方法的完整 API 如下：

```
import { connect } from 'react-redux'
const VisibleTodoList = connect(
        mapStateToProps,
        mapDispatchToProps
)(TodoList);
```

上面代码中，connect()方法接受两个参数：mapStateToProps 和 mapDispatchToProps。它们定义了展示组件的业务逻辑。前者负责输入逻辑，即将 state 映射到展示组件的参数（props）；后者负责输出逻辑，即将用户对展示组件的操作映射成 Action。

（2）mapStateToProps()。

mapStateToProps()是一个函数。它的作用正如它的名字，即建立一个从（外部的）state 对象到（展示组件的）props 对象的映射关系。

作为函数，mapStateToProps()执行后应该返回一个对象，里面的每一个键值对就是一个映射。请看下面的例子：

```
const mapStateToProps = (state) => {
  return {
    todos: getVisibleTodos(state.todos, state.visibilityFilter)
  }
}
```

上面代码中，mapStateToProp()函数接受 state 作为参数返回一个对象。这个对象有一个 todos 属性，其代表展示组件的同名参数，后面的 getVisibleTodos 也是一个 Reducer 函数，可以从 state 算出 todos 的值。

下面举一个 getVisibleTodos 的例子来计算 todos：

```
const getVisibleTodos = (todos, filter) => {
  switch (filter) {
    case 'SHOW_ALL':                        //显示所有 todo 项
      return todos
    case 'SHOW_COMPLETED':                  //显示已完成的 todo 项
      return todos.filter(t => t.completed)
    case 'SHOW_ACTIVE':                     //显示未完成的 todo 项
      return todos.filter(t => !t.completed)
    default:
      throw new Error('Unknown filter: ' + filter)
  }
}
```

mapStateToProps()会订阅 Store，每当 state 更新的时候就会自动执行，重新计算展示组件的参数，从而触发展示组件的重新渲染。mapStateToProps()的第一个参数总是 state 对象，它还可以使用第二个参数，其代表容器组件的 props 对象，如下：

```
//容器组件的代码
//<FilterLink filter="SHOW_ALL">
//All
//</FilterLink>

const mapStateToProps = (state, ownProps) => {
  return {
    active: ownProps.filter === state.visibilityFilter
  }
}
```

上面代码中，使用 ownProps 作为参数后，如果容器组件的参数发生变化，也会引发展示组件重新渲染。connect()方法可以省略 mapStateToProps 参数，这样展示组件就不会订阅 Store，就是说 Store 的更新不会引起展示组件的更新。

（3）mapDispatchToProps()。

mapDispatchToProps()是 connect()函数的第二个参数，用来建立展示组件的参数到 store.dispatch 方法的映射。也就是说，它定义了哪些用户的操作应该当作 Action，并传给 Store。它可以是一个函数，也可以是一个对象。

如果 mapDispatchToProps()是一个函数，会得到 dispatch 和 ownProps（容器组件的 props 对象）两个参数。代码如下：

```
const mapDispatchToProps = (dispatch, ownProps) => {
  return {
    onClick: () => {
      dispatch({    //单击展示组件将发出 Action
        type: 'SET_VISIBILITY_FILTER',
        filter: ownProps.filter
      });
    }
  };
}
```

从上面代码可以看到，mapDispatchToProps 作为函数，应该返回一个对象，该对象的每个键值对都是一个映射，定义了展示组件的参数应当怎样发出 Action。

如果 mapDispatchToProps 是一个对象，它的每个键名也是对应展示组件的同名参数，键值应该是一个函数，并且会被当作 Action Creator，返回的 Action 会由 Redux 自动发出。举例来说，上面的 mapDispatchToProps 写成对象即如下：

```
const mapDispatchToProps = {
  onClick: (filter) => {
    type: 'SET_VISIBILITY_FILTER',
    filter: filter
  };
}
```

（4）Provider 组件。

connect()方法生成容器组件以后，需要让容器组件拿到 state 对象，才能生成展示组件的参数。有一种解决方法是将 state 对象作为参数传入容器组件。但是，这样做比较麻烦，尤其是容器组件可能在很深的层级，一级级将 state 传下去会很麻烦。react-redux 提供了 Provider 组件，可以让容器组件拿到 state。

```
import { Provider } from 'react-redux';    //引入 Provider 组件
import { createStore } from 'redux';
import todoApp from './reducers';
import App from './components/App';

let store = createStore(todoApp);

render(
  <Provider store={store}>                {/*传入 store，给子组件提供 state */}
    <App />
  </Provider>,
  document.getElementById('root')
)
```

上面代码中，Provider 成为了根组件 App 的父组件，这样一来，App 的所有子组件就默认都可以拿到 state 了。它的原理是 React 组件的 context 属性，源代码如下：

```
class Provider extends Component {
```

```
    getChildContext() {
      return {
        store: this.props.store
      };
    }
    render() {
      return this.props.children;
    }
}


Provider.childContextTypes = {
    store: React.PropTypes.object
}
```

上面代码中，store 放在了上下文对象 context 上面，这样子组件就可以从 context 拿到 store 了，代码大致如下：

```
class VisibleTodoList extends Component {
    componentDidMount() {
      const { store } = this.context;
      this.unsubscribe = store.subscribe(() =>
        this.forceUpdate()
      );
    }

    render() {
      const props = this.props;
      const { store } = this.context;
      const state = store.getState();
      //...
    }
}


VisibleTodoList.contextTypes = {
    store: React.PropTypes.object
}
```

以上代码大致类似于 react-redux 自动生成的容器组件的代码，容器组件通过以上形式的代码拿到 store。

3　实例：TodoList

本节通过 TodoList 的实例展示如何运用前文所讲的内容构建应用。项目运行效果如图 6.4 所示。

TodoList 应用实现了待做事项（Todos）的添加、标记为完成、清除完成的 Todos，并可以分别展示已完成的和未完成（Active）的 Todos 列表。TodoList 项目的目录结构如图 6.5 所示。

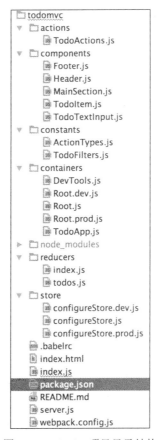

图 6.4　TodoList 运行效果

图 6.5　TodoList 项目目录结构

TodoList 项目通过 webpack 构建，使用了本章 1.2 节中介绍过的 Redux DevTools 工具以便调试。

（1）入口文件 Root.prod.js。

```
import React, { Component } from 'react';
import { Provider } from 'react-redux';
import TodoApp from './TodoApp';
```

```
export default class Root extends Component {
  render() {
    const { store } = this.props;
    return (
      <Provider store={store}>       {/* 使用 Provider 组件包装 TodoApp 并传入 store */}
        <TodoApp />
      </Provider>
    );
  }
}
```

Root.prod.js 是应用的产品发布版的入口文件（包含 Redux DevTools 开发版的入口文件是 Root.dev.js）。以上代码中，从 react-redux 中获取了一个 Provider 组件，并把它渲染到应用的最外层，它需要一个属性 store，把这个 store 放在 context 里，给 TodoApp 用。

（2）Store（ConfigureStore.prod.js）。

```
import { createStore } from 'redux';
import rootReducer from '../reducers';

export default function configureStore(initialState) {
  return createStore(rootReducer, initialState);
}
```

以上代码中，从 Redux 获取 createStore 函数，再获取 rootReducer。createStore 函数接收两个参数：(reducer, initialState)，Reducer 需要从 Store 获取 state。导出 configrueStore 函数用于创建 Store。

（3）容器组件 TodoApp.js。

```
import React, { Component } from 'react';
import { connect } from 'react-redux';
import { bindActionCreators } from 'redux';
import Header from '../components/Header';
import MainSection from '../components/MainSection';
import * as TodoActions from '../actions/TodoActions';

class TodoApp extends Component {
  render() {
    const { todos, actions } = this.props;
    return (
      <div>
        <Header addTodo={actions.addTodo} />
        <MainSection todos={todos} actions={actions} />
      </div>
    );
  }
}

function mapState(state) {
  return {
```

```
      todos: state.todos
  };
}

function mapDispatch(dispatch) {
  return {
    actions: bindActionCreators(TodoActions, dispatch)
  };
}

export default connect(mapState, mapDispatch)(TodoApp);      //生成容器组件
```

这里从 react-redux 获取 connect 连接组件，通过 connect(mapState, mapDispatch) (TodoApp) 连接 Store 和 TodoApp 组件，生成容器组件并以模块导出。mapState 是一个函数，它接收到一个 state 参数，并把 state 对象映射到展示组件的 props 上，使展示组件订阅 Store。mapDispatch 函数建立了展示组件到 store.dispatch 方法的映射，即用户那些被当做 Action 传给 Store 的操作。

（4）Action Creator（TodoActions.js）。

```
react-reimport * as types from '../constants/ActionTypes';

export function addTodo(text) {
  return {
    type: types.ADD_TODO,
    text
  };
}

export function deleteTodo(id) {
  return {
    type: types.DELETE_TODO,
    id
  };
}

export function editTodo(id, text) {
  return {
    type: types.EDIT_TODO,
    id,
    text
  };
}

export function markTodo(id) {
  return {
    type: types.MARK_TODO,
    id
  };
```

```
    }

    export function markAll() {
      return {
        type: types.MARK_ALL
      };
    }

    export function clearMarked() {
      return {
        type: types.CLEAR_MARKED
      };
    }
```

　　以上代码中声明了生成增删改标记和清除 Todo 项完成标记的 Action 函数（Action Creator），在每次返回 Action 函数的时候，都需要在头部声明这个 Action 的 type，以方便组织管理。每个函数都会返回一个 Action 对象，可以在容器组件里面调用。

　　（5）Reducer（todos.js）。

```
    import { ADD_TODO, DELETE_TODO, EDIT_TODO, MARK_TODO, MARK_ALL, CLEAR_MARKED }
    from '../constants/ActionTypes';

    const initialState = [{
      text: 'Use Redux',
      marked: false,
      id: 0
    }];

    export default function todos(state = initialState, action) {
      switch (action.type) {
      case ADD_TODO:
        return [{
          id: (state.length === 0) ? 0 : state[0].id + 1,
          marked: false,
          text: action.text
        }, ...state];

      case DELETE_TODO:
        return state.filter(todo =>
          todo.id !== action.id
        );

      case EDIT_TODO:
        return state.map(todo =>
          todo.id === action.id ?
            { ...todo, text: action.text } :
            todo
```

```
    );

  case MARK_TODO:
    return state.map(todo =>
      todo.id === action.id ?
        { ...todo, marked: !todo.marked } :
        todo
    );

  case MARK_ALL:
    const areAllMarked = state.every(todo => todo.marked);
    return state.map(todo => ({
      ...todo,
      marked: !areAllMarked
    }));

  case CLEAR_MARKED:
    return state.filter(todo => todo.marked === false);

  default:
    return state;
  }
}
```

以上代码从 ActionTypes 获得各个 Action 的类型，以便和 Action 做好映射对应。整个函数其实就是执行 switch，根据不同的 action.type，返回不同的对象状态。如果 Action 很多，Reducer 会变得很大，为了解决这个问题，Redux 提供了一个 combineReducers 辅助函数，它可以把由多个不同 Reducer 函数作为值（value）的对象合并成一个最终的 Reducer 函数，再把这个 Reducer 函数传入 createStore 来创建 Store，这样就可以把不同的 Reducer 函数放在不同文件中来维护了。

（6）展示组件 components/Header.js。

```
import React, { Component } from 'react';
import PropTypes from 'prop-types';
import TodoTextInput from './TodoTextInput';

export default class Header extends Component {
  static propTypes = {
    addTodo: PropTypes.func.isRequired
  };

  handleSave(text) {
    if (text.length !== 0) {
      this.props.addTodo(text);
    }
```

```
    }

    render() {
      return (
        <header className='header'>
            <h1>todos</h1>
            <TodoTextInput newTodo={true}
                           onSave={::this.handleSave}
                           placeholder='What needs to be done?' />
        </header>
      );
    }
}
```

上面是展示组件 Header.js 的代码。展示组件需要的所有数据，都是由容器组件通过属性获取的，所有的操作也都是从容器组件通过属性传入的（这里是 addTodo 函数）。其他组件的代码限于篇幅原因不再一一列出，可登录课工场 www.kgc.cn 参看本书所附代码。

这里做一个小结，采用 Redux+React 编写应用需要做如下事情：

- 编写展示组件。
- 使用 connect()方法生成容器组件。
- 定义业务模块的 Action Creator 和 Reducer。
- 生成 Store 对象，并使用 Provider 在根组件外面包一层。

4 单元测试

基于 Redux 架构编写的应用中，大部分代码都是函数，而且多为纯函数，所以很容易测试。可以基于 Jest[①]测试框架编写单元测试代码。通过如下命令安装 Jest：

```
npm install --save-dev jest
```

如果想结合 Babel[②]使用 ES2015 语法，则需要安装 babel-jest：

```
npm install --save-dev babel-jest
```

还应在.babelrc 中启用 ES2015 的功能：

```
{
    "presets": ["es2015"]
}
```

然后在 package.json 的 scripts 里加入以下代码：

```
{
    ...
    "scripts": {
        ...
        "test": "jest",
```

---

① http://facebook.github.io/jest。
② https://babeljs.io。

```
        "test:watch": "npm test -- --watch"
    },
    ...
}
```

最后运行 npm test 就能单次执行测试了，或者使用 npm run test:watch 在每次有文件改变时自动执行测试。

4.1　Action 创建函数（Action Creators）

Redux 里的 Action 创建函数是会返回普通对象的函数。在测试 Action 创建函数的时候如果想要测试是否调用了正确的 Action 创建函数和是否返回了正确的 Action，可以使用下面的方法。

待测试代码示例如下：

```
export function addTodo(text) {
    return {
        type: 'ADD_TODO',
        text
    }
}
```

测试方法如下：

```
import * as actions from '../../actions/TodoActions'
import * as types from '../../constants/ActionTypes'
describe('actions', () => {
    it('should create an action to add a todo', () => {
        const text = 'Finish docs'
        const expectedAction = {                              //定义期待的 Action
            type: types.ADD_TODO,
            text
        }
        expect(actions.addTodo(text)).toEqual(expectedAction);   //测试断言
    })
})
```

4.2　Reducers

Reducer 把 Action 应用到之前的 state，并返回新的 state。待测试代码示例如下：

```
import { ADD_TODO } from '../constants/ActionTypes'
const initialState = [
    {
        text: 'Use Redux',
        completed: false,
        id: 0
    }
]
```

```
export default function todos(state = initialState, action) {
    switch (action.type) {
        case ADD_TODO:
            return [
                {
                    id: state.reduce((maxId, todo) => Math.max(todo.id, maxId), -1) + 1,
                    completed: false,
                    text: action.text
                },
                ...state
            ]

        default:
            return state
    }
}
```

测试方法如下：

```
import reducer from '../../reducers/todos'
import * as types from '../../constants/ActionTypes'

describe('todos reducer', () => {
    it('should return the initial state', () => { //返回初始 state 的测试
        expect(
            reducer(undefined, {})
        ).toEqual([
            {
                text: 'Use Redux',
                completed: false,
                id: 0
            }
        ])
    })

    it('should handle ADD_TODO', () => { //测试 dispatch 的一个添加 Todo 项的 Action 后的 state
        expect(
            reducer([], {
                type: types.ADD_TODO,
                text: 'Run the tests'
            })
        ).toEqual(
            [
                {
                    text: 'Run the tests',
                    completed: false,
                    id: 0
                }
```

```
      ]
    )
  })
})
```

4.3　Components

React Components 的优点是：一般都很小且依赖于 props。因此测试起来很简便。

安装 Enzyme[①]。Enzyme 底层使用了 React Test Utilities[②]，使其更方便、更易读、更强大。安装命令如下：

npm install --save-dev enzyme

要测试 Components，需要创建一个名为 setup()的辅助方法，用来把模拟过的回调函数（stubbed）当作 props 传入，然后使用 React 浅渲染来渲染组件。这样就可以依据"是否调用了回调函数"的断言来写独立的测试。待测试代码示例如下：

```
import React, { PropTypes, Component } from 'react'
import TodoTextInput from './TodoTextInput'

class Header extends Component {
  handleSave(text) {
    if (text.length !== 0) {
      this.props.addTodo(text)
    }
  }

  render() {
    return (
      <header className='header'>
          <h1>todos</h1>
          <TodoTextInput newTodo={true}
                         onSave={this.handleSave.bind(this)}
                         placeholder='What needs to be done?' />
      </header>
    )
  }
}

Header.propTypes = {
  addTodo: PropTypes.func.isRequired
}

export default Header
```

---

① http://airbnb.io/enzyme/。

② https://facebook.github.io/react/docs/test-utils.html。

编写测试代码，如下：

```
import React from 'react';
import { shallow } from 'enzyme';   //引入浅渲染组件
import Header from '../../components/Header'

function setup() {
  const props = {
    addTodo: jest.fn()
  }

  const enzymeWrapper = shallow(<Header {...props} />);

  return {
    props,
    enzymeWrapper
  }
}

describe('components', () => {
  describe('Header', () => {
    it('should render self and subcomponents', () => {
      const { enzymeWrapper } = setup();

      expect(enzymeWrapper.find('header').hasClass('header')).toBe(true);

      expect(enzymeWrapper.find('h1').text()).toBe('todos');

      const todoInputProps = enzymeWrapper.find('TodoTextInput').props();
      expect(todoInputProps.newTodo).toBe(true);
      expect(todoInputProps.placeholder).toEqual('What needs to be done?');
    })

    it('should call addTodo if length of text is greater than 0', () => {
      const { enzymeWrapper, props } = setup();
      const input = enzymeWrapper.find('TodoTextInput');
      input.props().onSave('');
      expect(props.addTodo.mock.calls.length).toBe(0);
      input.props().onSave('Use Redux');
      expect(props.addTodo.mock.calls.length).toBe(1); //判断 addTodo 函数是否被调用一次
    })
  })
})
```

4.4 连接组件

读者在使用 React Redux 时，可能也会同时使用类似 connect() 的 higher-order Components，将 Redux state 注入到常见的 React 组件中。App 组件如下：

```
import { connect } from 'react-redux'
class App extends Component { /* ... */ }
export default connect(mapStateToProps)(App)
```

在单元测试中，一般会这样导入 App 组件：

```
import App from './App'
```

但是当这样导入时，实际上持有的是 connect() 返回的包装过的组件，而不是 App 组件本身。如果想测试它和 Redux 间的互动，可以使用一个专为单元测试创建的 Store 将它包装在 Provider 组件中。但有时开发者仅仅是想测试组件的渲染，并不想要这样一个 Redux Store。要想不和装饰件打交道而测试 App 组件本身，建议同时导出未包装的组件，如下：

```
import { connect } from 'react-redux'
//命名导出未连接的组件（测试用）
export class App extends Component { /* ... */ }
//默认导出已连接的组件（App 用）
export default connect(mapDispatchToProps)(App)
```

鉴于默认导出的依旧是包装过的组件，上面的导入语句会和之前一样工作，不需要更改应用中的代码。不过，可以按以下方法在测试文件中导入没有包装过的 App 组件：

```
//注意花括号：抓取命名导出，而不是默认导出
import { App } from './App'
```

如果两者都需要，则：

```
import ConnectedApp, { App } from './App'
```

在 App 中，仍然正常地导入：

```
import App from './App'
```

只在测试中使用命名导出。

混用 ES6 模块和 CommonJS 的注意事项：

如果在应用代码中使用 ES6，但在测试中使用 ES5，Babel 会通过其 interop 的机制处理 ES6 的 import 和 CommonJS 的 require 的转换，使这两个模块的格式各自运行，但其行为依旧有细微的区别。如果在默认导出的附近增加另一个导出，将导致无法默认导出 require('./App')，此时应使用 require('./App').default 代替。

本章总结

- Redux 的作用。
- Redux 核心：设计思想、概念、API、工作流程以及 react-redux 库介绍。
- TodoList 实例。
- 如何应用 Redux 做单元测试。

本章作业

1. React 应用为什么要使用 Redux 框架？
2. Redux 中有哪些核心组件，分别起什么作用？
3. 结合本章内容完成文章发布应用，包括增加文章、删除文章、查看文章分类。具体要

求如下：

（1）文章发布初始页面如图 6.6 所示。

图 6.6　文章发布初始页面

（2）有 4 个栏目："全部文章""热门文章""篮球"和"足球"，切换下拉菜单中的选项可以给不同的栏目添加文章，如图 6.7 所示。

图 6.7　文章分类发布功能

（3）可以查看文章分类，还可以删除添加的文章，当删除其他分类的文章时"全部文章"中对应的内容也会删除，如图 6.8 所示。

图 6.8　删除文章功能

第 7 章

React Router

本章技能目标

- 理解 React Router 的原理
- 掌握 React Router 主要组件的使用
- 能在实际案例中运用 React Router

本章简介

在 React 中，有时需要创建不同的 URL 来管理不同的页面，这时就需要有一个路由系统对它进行管理。本章首先介绍路由的基本原理，然后介绍 React Router 4.0 版本的主要组件，最后通过案例程序展示 React Router 的实际运用。

1 React Router 概述

React Router 通过声明式编程模型定义组件，是 React 最强大的核心功能。它可以为开发者的应用以声明式的方式定义导航组件。无论是 Web App 的浏览器 URLs，还是 React Native 的导航功能，只要是可以使用 React 的地方，就可以使用 React Router。React Router 是由官方维护的路由库，民间也有多种基于该版本修改的库以适应不同情况下的使用。本节首先介绍前端路由的两种实现原理，然后介绍 React Router 4.0 的基本用法。

1.1　路由的基本原理

在 Web 开发中，路由是指根据不同的 URL 地址展示不同的内容或页面。传统的 Web 应用采用后端路由，基于 MVC 架构的应用一般由后端的控制器层来负责页面的跳转。而在目前流行的前后端分离的单页面应用架构下，路由由前端负责，不需要等待服务器端处理跳转，因此能更快地进行路由切换，提升用户体验。

无论是在传统的后端 MVC 主导的应用中，还是在当下最流行的单页面应用中，路由的职责都很重要，但原理并不复杂，即保证视图和 URL 的同步。当用户在页面中进行操作时，应用会在若干个视图中切换，路由则可以记录下这些状态。这些变化的状态同样会被记录在浏览器的历史中，用户可以通过单击浏览器中的"前进"和"后退"按钮来切换状态，也可以将当前的 URL 地址分享给好友。用户还可以通过手动输入或者与页面进行交互来改变 URL，然后通过同步或者异步的方式向服务器端发送请求获取资源（当然，资源也可能存在于浏览器缓存中），成功后重新绘制视图。这样就使数据交互的变化反映到了 URL 的变化上，从而可以通过保存的 URL 链接还原之前的页面内容。

前端路由有两种实现方式，分别为基于 URL hash 和 history API 的实现。其中前一种实现所有浏览器都支持，而后一种实现只兼容 IE10 以上及其他现代的浏览器。

（1）基于 URL hash 的实现。

在 IE8 以上的浏览器中，当页面 hash（#）变化时，就会触发 hashchange 事件。锚点（hash）起到引导浏览器将这次记录推入历史记录栈顶的作用，window.location 对象处理"#"的改变时并不会重新加载页面，而是将之当成新页面放入历史栈里。当前进、后退或触发 hashchange 事件时，我们可以在对应的事件处理函数中进行 Ajax 操作并更新视图，以达到切换页面的效果。路由实现的雏形代码如下：

```
<a href="#/">首页</a>
<a href="#/weather">天气页</a>
<a href="#/news">新闻页</a>
<div id="js-content"></div>
<script>
    function Router(){
        this.curUrl = '';
        this.routes = {};   //保存路由配置，key 为路由 hash，value 为对应的回调函数
        this.refresh = function () { //找到并执行路由
```

```
                    this.curUrl = location.hash.slice(1) || '/';
                    this.routes[this.curUrl]();
                };
            this.init = function () { //通过监听 hashchange 和 load 事件初始化路由
                    window.addEventListener('hashchange',this.refresh.bind(this));
                    window.addEventListener('load',this.refresh.bind(this));
                };
            this.route = function (path, callback) { //关联路由的 hash 和回调函数
                    this.routes[path] = callback || function(){}
                }
            };
        var domDiv = document.getElementById('js-content');
        var r = new Router();
        r.init();
        r.route('/', function () { //配置路由
            domDiv.textContent = '首页'
        });
        r.route('/news', function () {
            domDiv.textContent = '新闻'
        });
        r.route('/weather', function () {
            domDiv.textContent = '天气'
        });
</script>
```

运行效果如图 7.1 所示。

图 7.1   基于 URL hash 的路由实现效果

单击链接触发 hashchange 事件，从而调用路由回调函数来更新视图。但对于低级浏览器，需要通过轮询检测 URL 是否在变化，来检测锚点的变化，模拟 hashchange 事件的处理，方法如下：

```
(function(window) {
    //如果浏览器不支持原生实现的事件，则开始模拟，否则退出
    if ( "onhashchange" in window.document.body ) { return; }
```

```
        var location = window.location,
                oldURL = location.href,
                oldHash = location.hash;

        //每隔 100ms 检查 hash 是否发生变化
        setInterval(function() {
            var newURL = location.href,
            newHash = location.hash;

            //hash 发生变化且全局注册有 onhashchange 方法（事件名和模拟的事件名保持统一）
            if ( newHash != oldHash && typeof window.onhashchange === "function"   ) {
                    //执行方法
                    window.onhashchange({
                        type: "hashchange",
                        oldURL: oldURL,
                        newURL: newURL
                    });
                    oldURL = newURL;
                    oldHash = newHash;
            }
        }, 100);
    })(window);
    //由于 IE 9 以下没有 addEventListener 接口，因此使用 DOM 0 level 事件
    onhashchange = function(event) {
        console.log(event.oldURL + '\n' + event.newURL);
        …
    }
```

实现良好的浏览器（IE8 以上版本）在 URL 的 hash 发生变化时，会触发一个名为 hashchange 的事件，但是对于低版本的 IE 浏览器，我们需要如上面代码所示通过不断地轮询 URL 的 hash 是否发生变化，来判断是否发生了类似 hashchange 的事件，同时可以声明对应的事件处理函数，从而模拟事件的处理。同时需要注意在 IE9 以下版本的浏览器中没有 addEventListener 和 bind 函数接口，可以用 onhashchange 事件和 call 函数代替重写路由的 init 方法。代码如下：

```
this.init = function () {
                var    _this = this;
                window.onhashchange = function() {
                        _this.refresh.call(_this);
                };
                window.onload = function() {
                        _this.refresh.call(_this);
                };
    };
```

（2）基于 history API 的实现。

HTML5 history API 定义了一组新的用于管理浏览器会话历史的接口，主要包括 history.pushState 函数、history.replaceState 函数和 popstate 事件。其兼容性如图 7.2 所示。

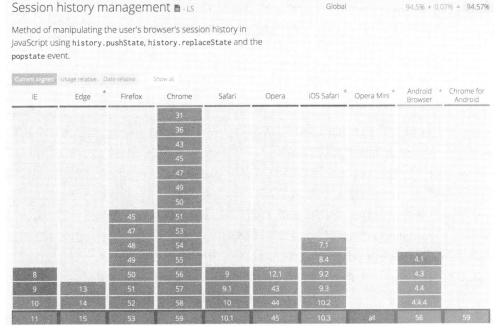

图 7.2　history API 的兼容性

history API 只能在 IE10 以上版本的现代浏览器中使用，有较大局限性。而且这组 API 会改变 URL 的路径（path）部分，通过 URL 打开特定路由的页面需要服务器端的配合，重定向到首页。

基于 history API 的前端路由的实现和以下代码类似：

```
<head>
    <title>Line Game - 5</title>
</head>
<body>
<p>You are at coordinate <span id="coord">5</span> on the line.</p>
<p>
    <a href="?x=6" onclick="go(1); return false;">Advance to 6</a> or
    <a href="?x=4" onclick="go(-1); return false;">retreat to 4</a>?
</p>
<script>
    var currentPage = 5; //当前页码，可由服务器端预先填充
    function go(d) {
        setupPage(currentPage + d);
        history.pushState(currentPage, document.title, '?x=' + currentPage);       // （1）
    }
    onpopstate = function(event) {
        setupPage(event.state);    //更新当前页的视图
    };
    function setupPage(page) {
        currentPage = page;
        document.title = 'Line Game - ' + currentPage; //设置当前路由页的标题
```

```
            document.getElementById('coord').textContent = currentPage;          //更新页码显示
            document.links[0].href = '?x=' + (currentPage+1);                     //更新 a 标签链接
            document.links[0].textContent = 'Advance to ' + (currentPage+1);
            document.links[1].href = '?x=' + (currentPage-1);
            document.links[1].textContent = 'retreat to ' + (currentPage-1);
        }
    </script>
```

上面代码中（1）位置的 history.pushState 函数接收三个参数。第一个参数是一个状态对象，状态对象是一个由 pushState()方法创建的，与历史纪录相关的 JavaScript 对象，当用户定向到一个新的状态时，会触发 popstate 事件，该事件的 state 属性包含了历史纪录的 state 对象，这里我们传入当前页的页码以便区分视图。第二个参数是 title，即当前页的标题，当前大多数浏览器不支持或忽略这个参数，可以用 null 代替。第三个参数是新历史纪录的地址。请注意，浏览器在调用 pushState()方法后不会去加载这个 URL，但在这之后有可能会这样做，比如用户重启浏览器之后。新的 URL 不一定是绝对地址，如果它是相对的，那一定是相对于当前的 URL。新 URL 必须和当前 URL 在同一个源下，否则 pushState()将抛出异常。上面代码设置的是包含当前页码查询字符串的相对 URL，路由实现的运行效果如图 7.3 所示。

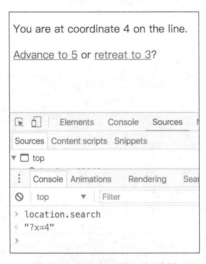

图 7.3　路由实现的运行效果

单击链接可以前进或后退到其他路由，因为链接的 onclick 回调函数会调用 go 函数，进而调用 setupPage 函数，在 setupPage 函数中通过 history.pushState 函数在浏览器的会话历史中增加一条记录，然后更新当前视图。当用户单击浏览器的回退、前进按钮，或者在 JavaScript 代码中调用 history.back()、history.forward()时会触发 popstate 事件，该事件对象的 state 属性包含历史条目状态对象的副本，我们以该 state 为参数调用 setupPage 函数来更新视图，达到页面跳转的效果。

1.2　React Router 基本用法

React Router 是 React 的路由组件，它保持了 React 的声明式组件风格。区别于本章 1.1 节示例代码中的命令式路由定义，React Router 的路由定义是声明式的。在 react-router 库中，我们可以把 Router 组件看成是一个函数，Location（URL）作为参数，返回的结果是 UI 视图，可以抽象为：

View = Router(location)

所以只要 URL 一致，那么返回的视图总是相同的。

目前 React Router 4.0 版本（以下简称 RR4）已经正式发布，和前几个版本的最主要区别是，RR4 更符合 React 的设计理念，即"万物皆组件"，并且从静态路由改为动态路由。另一点区别是 RR4 采用了单代码仓库模型架构，该仓库中包含若干相互独立的包，具体如下：

- react-router：React Router 核心。
- react-router-dom：用于 DOM 绑定的 React Router。
- react-router-native：用于 React Native 的 React Router。
- react-router-redux：React Router 和 Redux 的集成。
- react-router-config：静态路由配置助手。

在 Web 应用开发中，一般只需要引入 react-router-dom 包，这个包比 react-router 多出了 Link、BrowserRouter 等 DOM 类组件。

React Router 安装命令如下：

npm install -S react-router-dom

下面是一个简单的路由导航的使用示例。

```
import React from 'react'
import {
    BrowserRouter as Router,   {* 路由容器组件 *}
    Route, {* 路由组件，用于定义 URL 路径和组件的对应关系 *}
    Link   {* 链接导航组件 *}
} from 'react-router-dom';

const Home = () => (
    <div>
        <h2>Home</h2>
    </div>
)
const About = () => (
    <div>
        <h2>About</h2>
    </div>
)
const Topic = ({ match }) => (
    <div>
        <h3>{match.params.topicId}</h3>
    </div>
)
const Topics = ({ match }) => (
    <div>
        <h2>Topics</h2>
```

```
    <ul>
        <li>
            <Link to={`${match.url}/rendering`}>
                Rendering with React
            </Link>
        </li>
        <li>
            <Link to={`${match.url}/components`}>
                Components
            </Link>
        </li>
        <li>
            <Link to={`${match.url}/props-v-state`}>
                Props v. State
            </Link>
        </li>
    </ul>
    <Route path={`${match.url}/:topicId`} component={Topic}/>
    <Route exact path={match.url} render={() => (
        <h3>Please select a topic.</h3>
    )}/>
    </div>
)
const BasicExample = () => (
    <Router>
        <div>
            <ul>
                <li><Link to="/">Home</Link></li>
                <li><Link to="/about">About</Link></li>
                <li><Link to="/topics">Topics</Link></li>
            </ul>
            <hr/>
            <Route exact path="/" component={Home}/>
            <Route path="/about" component={About}/>
            <Route path="/topics" component={Topics}/>
        </div>
    </Router>
)
export default BasicExample
```

上面代码中定义了三个组件（Home、About 和 Topics），导入 BrowserRouter 作为 Router，也就是基于 HTML5 的 history API 构建路由。Router 只是一个容器，请注意，在 RR4 中，Router 组件只能有单一子元素，否则会报错。真正的路由通过 Route 组件定义。

在 React Router 中，Route 组件用来渲染 UI，当一个 URL 匹配上了指定的路由路径时，Route 组件就开始进行渲染。Link 组件提供了一个可以浏览访问 App 的方法。换句话讲，Link 组件允许更新 URL，而 Route 组件根据新 URL 来改变 UI。

当用户访问根路由 "/" 时，会加载 Home 组件，而访问 "/about" 和 "/topics" 时，会分别加载 About 和 Topics 组件。也就是说 Route 组件定义了 URL 路径与组件的对应关系。开发者可以同时使用多个 Route 组件。这里只是给出一个整体的示例，下面会对各种组件的具体用法予以详细说明。

2 React Router 组件介绍

React Router 4.0 的核心组件包括 Router（BrowserRouter 和 HashRouter）、Route 和 Link，另外还有一些常用的组件如 Switch、Redirect 和 Prompt 等。下面来分别介绍它们的用法。

2.1 Router 组件

Router 是路由组件（Route）的容器组件，在 RR4 中，有 5 种 Router：BrowserRouter、HashRouter、MemoryRouter、NativeRouter 和 StaticRouter。BrowserRouter 是基于 HTML5 history API 的 Web 端路由实现；HashRouter 是基于 URL hash 的 Web 端路由实现；MemoryRouter 是将 URL 历史保存于内存中的一种路由实现，一般用于测试或 React Native 等非浏览器环境；NativeRouter 也用于 React Native 环境；StaticRouter 用于服务器端渲染。这里主要介绍 BrowserRouter 和 HashRouter。

1. BrowserRouter

BrowserRouter 是 RR4 推荐在 Web 应用中默认使用的 Router，它基于 HTML5 history API （pushState、replaceState 和 popstate 事件）实现 UI 和 URL 的同步。示例代码如下：

```
import { BrowserRouter } from 'react-router-dom'

<BrowserRouter
  basename={optionalString}
  forceRefresh={optionalBool}
  getUserConfirmation={optionalFunc}
  keyLength={optionalNumber}
>
  <App/>
</BrowserRouter>
```

在上面的代码中，我们可以看到 Browser Router 组件拥有以下 4 个属性：

（1）basename: string。

作用：为所有位置添加一个基准 URL。

使用场景：如果需要把页面部署到服务器的某个二级目录下，可以使用 basename 设置到此目录。basename 属性值应该以斜杠（/）开头，但尾部不需要以斜杠结束。示例代码如下：

```
<BrowserRouter basename="/minooo" />
<Link to="/react" />   {/* 最终渲染为 <a href="/minooo/react"> */}
```

（2）forceRefresh: bool。

作用：如果该属性的值为 true，Router 将在路由跳转时强制刷新整个页面。一般仅当浏览器（IE9 及以下）不支持 HTML5 的 history API 时使用。示例代码如下：

```
const supportsHistory = 'pushState' in window.history;
    <BrowserRouter forceRefresh={!supportsHistory} />
```

（3）getUserConfirmation: func。

作用：导航到此页面前执行的函数，默认使用 window.confirm。

使用场景：当需要用户进入页面前执行某种操作时可使用此属性，一般不常用。示例代码如下：

```
const getConfirmation = (message, callback) => {
    const allowTransition = window.confirm(message);
    callback(allowTransition);
}
<BrowserRouter getUserConfirmation={getConfirmation('Are you sure?', yourCallBack)} />
```

上面的代码会在用户进入页面前向用户确认"Are you sure？"，并执行用户的回调函数。

（4）keyLength: number。

作用：设置组件里面路由的 location.key 的长度，默认长度是 6。key 的作用是单击同一个链接时，每次该路由下的 location.key 都会改变，可以通过 key 的变化来刷新页面。

另外需要注意的是，在 RR4 中 Router 组件必须只有一个子元素，如下：

```
//正确的写法：Router 组件只包含一个子元素
<BrowserRouter>
  <div>
    <Route path='/about' component={About} />
    <Route path='/contact' component={Contact} />
  </div>
</BrowserRouter>

//若 Router 组件有两个子元素，就会报错
<BrowserRouter>
  <Route path='/about' component={About} />
  <Route path='/contact' component={Contact} />
</BrowserRouter>
```

2．HashRouter

HashRouter 使用 URL 的 hash 部分（也就是 window.location.hash）来保证 UI 和 URL 的同步。由于 Hash history 不支持 location.key 和 location.state，且该技术只用来支持旧版浏览器，因此官方更推荐使用 BrowserRouter。HashRouter 示例代码如下：

```
import { HashRouter } from 'react-router-dom'
<HashRouter>
  <App/>
</HashRouter>
```

HashRouter 也可以设置 basename 和 getUserConfirmation 属性，另外还可以设置 hashType:string 属性，该属性表示 window.location.hash 的格式类型，可以设置为如下三个值：

● "slash"：后面跟一个斜杠，例如#/和#/kgc/react。

● "noslash"：后面没有斜杠，例如#和#/kgc/react。

● "hashbang"：Google 风格的"ajax crawlable"，例如#!/和#!/kgc/react。

2.2 Route 组件

Route 组件定义了 URL 路径（path）与组件的对应关系，开发者可以同时使用多个 Route 组件。它最基本的职责就是当页面的访问地址与 Route 上的 path 匹配时，就渲染出对应的 UI 界面。参考如下代码：

```
import { BrowserRouter as Router, Route } from 'react-router-dom'

<Router>
  <div>
    <Route exact path="/" component={Home}/>
    <Route path="/news" component={NewsFeed}/>
  </div>
</Router>
```

如果应用的 location 是/，那么 UI 将被渲染成类似于如下形式的代码：

```
<div>
  <Home/>
  <!-- react-empty: 2 -->
</div>
```

如果应用的 location 是/news，那么 UI 会被渲染成如下形式的代码：

```
<div>
    <!-- react-empty: 1 -->
    <NewsFeed/>
</div>
```

其中的 react-empty 组件是由 React 的 null 渲染产生的。也就是说即使返回 null，Route 组件依然会渲染，即一旦 location 匹配了 Route 组件的 path 属性，应用的组件就会被渲染。

1. Route 的渲染方法

Route 组件有三种渲染 UI 的方法：

- <Route component>
- <Route render>
- <Route children>

每种渲染方法都有不同的应用场景，同一个<Route>只使用一种渲染方法，大部分情况下可以使用 component。

（1）component。

只有当访问地址和路由匹配时，一个 React component 才会被渲染，此时该组件接受路由属性（可以包含 match、location 或 history）。代码如下：

```
<Route path="/user/:username" component={User}/>

const User = ({ match }) => {
  return <h1>Hello {match.params.username}!</h1>
}
```

当使用 component 时，Route 将使用 React.createElement 根据给定的 component 创建一个

新的 React 元素。这意味着如果使用内联函数（inline function）传值给 component，将会产生不必要的重复装载。对于内联渲染（inline rendering），建议使用下面要介绍的 render 或 children 属性。

（2）render: func。

这个方法适用于内联渲染，不会产生重复装载问题，代码如下：

```
{*内联渲染（渲染内联的组件）  *}
<Route path="/home" render={() => <h1>Home</h1} />
```

（3）children: func。

某些情况下，无论 path 是否与 location 匹配，都需要渲染 UI，这时可以使用 children 属性。它和 render 函数类似，只是无论是否匹配都要渲染。children 渲染属性函数接收的路由属性与 component 和 render 相同，只是当路由不匹配 URL 时，match 属性为 null，这允许开发者基于匹配路由来动态调整应用的 UI。下面的代码演示了当路由匹配时如何给 li 列表项添加 active 类：

```
<ul>
  <ListItemLink to="/somewhere"/>
  <ListItemLink to="/somewhere-else"/>
</ul>


const ListItemLink = ({ to, ...rest }) => (
  <Route path={to} children={({ match }) => (
    {*   总会执行到这里  *}
    <li className={match ? 'active' : "}>
      <Link to={to} {...rest}/>
    </li>
  )}/>
)
```

在以上三种 Route 的渲染方法中，读者也许会注意到一个 match 对象，该对象包含了关于路由如何匹配 URL 的信息。可能访问到 match 对象的地方如下：

- <Route component>中的 this.props.match。
- <Route render>中的({ match }) => ()。
- <Route children>中的({ match }) => ()。

match 对象包含如下属性：

- params(object)：路径参数，通过解析 URL 中的动态部分获得键值对。
- isExact(bool)：该属性为 true 时，整个 URL 都需要匹配。
- path(string)：用来匹配的路径模式，用于创建嵌套的<Route>。
- url(string)：URL 匹配的部分，用于嵌套的<Link>。

2. Route 的属性

Route 包含 path、exact 和 strict 三个属性，它们的作用如下：

（1）path: string。

它是任何可以被 path-to-regexp 解析的有效 URL 路径，代码如下：

```
<Route path="/users/:id" component={User} />
```

如果不给 path，那么路由将总是匹配。

（2）exact: bool。

如果 exact 属性为 true，只有当 path 属性的值和 location.pathname 完全相同时才匹配，否则前缀匹配即可。具体关系如表 7-1 所示。

表 7-1　exact 值的匹配关系表

path	location.pathname	exact	matches（是否匹配）
/one	/one/two	true	No
/one	/one/two	false	Yes

（3）strict: bool。

严格匹配路径末尾的斜杠。如果 strict 属性为 true，path 为"/one/"，将不能匹配"/one"，但可以匹配"/one/two"。如果要确保路由没有末尾的斜杠，需要 strict 和 exact 属性同时为 true。

2.3　Link 组件

Link 组件用于取代<a>元素，生成一个链接，允许用户单击后跳转到另一个路由。它基本是<a>元素的 React 版本，为开发者的应用提供声明式的导航，代码如下：

```
render() {
  return <div>
    <ul role="nav">
      <li><Link to="/about">About</Link></li>
      <li><Link to="/repos">Repos</Link></li>
    </ul>
  </div>
}
```

Link 组件中的 to 属性用于指定跳转的路径。如果是单纯的跳转就直接赋值一个字符串形式的路径（如上面代码）。如果希望携带参数跳转到指定路径，可以给 to 属性传入一个对象形式的路径，代码如下：

```
<Link to={{
  pathname: '/course',
  search: '?sort=name',
  state: { price: 18 }
}} />
```

Link 组件可以带一个 replace 属性，当该属性为 true 时，单击链接将替换浏览器历史栈中的当前记录，而不是添加一条新的记录，如下：

```
<Link to="/courses" replace />
```

当单击这个链接时，历史记录的栈顶元素会被替换为/courses。

NavLink 组件是 Link 组件的带样式版本，它是为导航准备的，可以设置导航的激活状态。其 activeClassName 属性可以设置导航选中激活时应用的样式名称，默认为 active，代码如下：

```
<NavLink
  to="/about"
```

```
    activeClassName="selected"
>MyBlog</NavLink>
```

如果不想使用样式名，也可以直接写 style，activeStyle 属性可以设置样式对象，代码如下：

```
<NavLink
    to="/about"
    activeStyle={{ color: 'green', fontWeight: 'bold' }}
>MyBlog</NavLink>
```

另外，如果该组件的 exact 属性为 true，则表示只有当访问地址严格匹配时激活样式才会应用。如果组件的 strict 属性为 true，则只有当访问地址后缀的斜杠严格匹配时激活样式才会应用。还有一个 isActive 属性，该属性可以设置一个函数，用于决定导航是否激活。

2.4 其他组件

除了 Router、Route 和 Link 三大路由组件之外，RR4 还另外提供了一些有用的组件。下面简单介绍 Switch、Redirect 和 Prompt 组件的用法。

2.4.1 Switch 组件

Switch 组件只渲染出第一个与当前访问地址匹配的 Route 或 Redirect 组件。参考如下代码：

```
<Route path="/about" component={About}/>
<Route path="/:user" component={User}/>
<Route component={NoMatch}/>
```

如果访问/about，那么组件 About、User、NoMatch 都将被渲染出来，因为它们对应的路由都与访问的地址/about 匹配。这显然不是我们想要的，我们只想渲染出第一个匹配的路由，于是 Switch 组件应运而生。代码如下：

```
<Switch>
    <Route exact path="/" component={Home}/>
    <Route path="/about" component={About}/>
    <Route path="/:user" component={User}/>
    <Route component={NoMatch}/>
</Switch>
```

现在如果访问/about 地址，Switch 组件会寻找匹配的 Route。若<Route path="/about"/>匹配，Switch 组件将停止寻找匹配并渲染 About 组件。同样地，如果访问/:user，那么只有 User 组件会被渲染。

Switch 组件有一个 location 属性，可以设置一个 location 对象。该 location 用于替代当前的历史 location（一般是当前的浏览器 URL）和子元素进行匹配，代码如下：

```
<Switch location={
    key: 'ac3df4',
    pathname: '/somewhere',
    search: '?some=search-string',
    hash: '#howdy',
    state: {
        [userDefined]: true
```

```
    }
  }>
  …
</Switch>
```

location 对象代表当前应用的路由位置。在默认情况下，Switch 组件将拿浏览器当前的 URL 对应的 location 对象与其子元素（如 Route 组件中的 path）进行匹配。如果显式设置 Switch 组件的 location 属性，那么就改为子元素和 location 属性的值做匹配。

2.4.2　Redirect 组件

Redirect 组件用于将导航重定向到一个新的地址，这个地址将替换导航历史中本该访问的那个地址，类似服务器端的重定向（HTTP 状态码 3xx），代码如下：

```
<Route exact path="/" render={() => (
  loggedIn ? (
    <Redirect to="/dashboard"/>
  ) : (
    <PublicHomePage/>
  )
)}/>
```

在上面的代码中，如果用户已经登录，导航就重定向到/dashboard，否则就渲染公共主页。其中的 to 属性表示将要重定向的 URL，该属性的值可以是字符串，也可以是一个对象，代码如下：

```
<Redirect to={{
    pathname: '/login',
    search: '?utm=your+face',
    state: { referrer: currentLocation }
}}/>
```

其中，pathname 表示 URL 路径，search 为 URL 的查询字符串，state 为当前历史中的状态对象。另外当 Redirect 的 push 属性为 true 时，浏览器将向历史中增加一个新的记录，而不会替换当前的记录。Redirect 的 from 属性用于当 Redirect 组件位于 Switch 组件中时和当前位置匹配，代码如下：

```
<Switch>
  <Redirect from='/old-path' to='/new-path'/>
  <Route path='/new-path' component={Place}/>
</Switch>
```

当访问/old-path 地址时，与第一个 Redirect 组件匹配，导航将重定向到/new-path 地址。

2.4.3　Prompt 组件

Prompt 组件用于在用户离开当前页面之前给出提示。当应用进入一个路由状态，并且希望在某些情况下防止用户离开当前路由（例如有未保存的表单）时，可以渲染一个 Prompt 组件。Prompt 组件有两个可以设置的属性：message 和 when。message 属性可以设置一个字符串，该字符串用于当用户要离开当前路由时给出提示，如下：

```
<Prompt message="Are you sure you want to leave?"/>
```

message 属性也可以设置为一个函数，该函数会在用户尝试离开该路由时被调用，返回一个用于提示的字符串或返回 true，表示允许离开，如下：

```
<Prompt message={location => (
    `Are you sure you want to go to ${location.pathname}?`
)}/>
```

如果要根据条件决定是否渲染 Prompt 组件，可以设置 when 属性，如下：

```
<Prompt when={formIsHalfFilledOut} message="Are you sure?"/>
```

只在 formIsHalfFilledOut 变量为 true 时渲染 Prompt 组件，进而显示 message 属性中设置的提示信息。如果想总是阻止导航离开，可以设置 when={true}，也可以设置 when={false}来总是允许导航离开。

3 案例：React Router 的运用

本节将介绍两个 React Router 的实际使用案例：Sidebar 和 Modal Gallery。其中 Sidebar 演示了很多带侧边栏导航的网站的导航机制，Modal Gallery 展示了模态框导航的使用。

3.1 Sidebar

侧边栏导航是很多网站的主要导航方式，大致效果如图 7.4 所示。

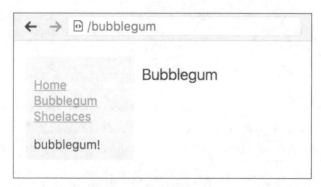

图 7.4　Sidebar 路由导航效果

在图 7.4 中，单击左侧的导航链接，跳转到对应的路由地址，渲染不同的界面。采用 RR4 的实现代码如下：

```
import React from 'react'
import {
    BrowserRouter as Router,
    Route,
    Link
} from 'react-router-dom'

//每个路由包含两个组件，一个是侧边栏内容，另一个是主要区域内容
//当路径匹配当前的 URL 时，应用将在不同的位置渲染这两个组件
```

```
const routes = [
  { path: '/',
    exact: true,
    sidebar: () => <div>home!</div>,
    main: () => <h2>Home</h2>
  },
  { path: '/bubblegum',
    sidebar: () => <div>bubblegum!</div>,
    main: () => <h2>Bubblegum</h2>
  },
  { path: '/shoelaces',
    sidebar: () => <div>shoelaces!</div>,
    main: () => <h2>Shoelaces</h2>
  }
];

const SidebarExample = () => (
  <Router>
    <div style={{ display: 'flex' }}>
      <div style={{
          padding: '10px',
          width: '40%',
          background: '#f0f0f0'
        }}>
        <ul style={{ listStyleType: 'none', padding: 0 }}>
          <li><Link to="/">Home</Link></li>
          <li><Link to="/bubblegum">Bubblegum</Link></li>
          <li><Link to="/shoelaces">Shoelaces</Link></li>
        </ul>

        {routes.map((route, index) => (
          //可以在应用的很多地方渲染<Route>组件
          //一个 Route 组件可以和匹配相同 URL 的其他 Route 组件一起渲染
          /*所以一个侧边栏导航或面包屑导航，或任何其他导航组件在匹配相同路由地址时在不同
            区域渲染 UI 元素，只需要使用多个 Route 组件*/
          <Route
            key={index}
            path={route.path}
            exact={route.exact}
            component={route.sidebar}
          />
        ))}
      </div>

      <div style={{ flex: 1, padding: '10px' }}>
        {routes.map((route, index) => (
```

```
        //Render more <Route>s with the same paths as
        //above, but different components this time.
        <Route
          key={index}
          path={route.path}
          exact={route.exact}
          component={route.main}
        />
      ))}
    </div>
  </div>
</Router>
)
export default SidebarExample;
```

代码中首先定义了 routes 数组用于维护路由的路径和当匹配该路径时需要在不同位置渲染的两个组件：一个是在左侧导航栏下方显示的文字，另一个是在右侧主要区域显示的文字。然后定义并默认导出 SidebarExample 组件。SidebarExample 组件中使用了 BrowserRouter 路由容器，基于 HTML5 history API 实现路由导航。应用<Link>组件定义左侧导航栏，其 to 属性定义了跳转链接的路径。之后定义了两组<Route>组件，设置<Route>组件的 path 属性为对应的路径，exact 属性指定是否为精确匹配，component 属性设置不同的 UI 展示组件。这样在匹配某个路径时，两组<Route>组件会在左侧侧边栏区域和右侧主体区域分别渲染对应的组件，显示对应路由的提示文字。

3.2　Modal Gallery

这个模态框画廊案例将展示如何在相同的 URL location 下渲染两个不同的界面。单击 Visit the Gallery 链接，路由切换到画廊列表页的 URL（/gallery）。然后单击牧歌颜色方块，会在画廊列表页的上面显示模态框界面，同时路由切换到模态框的 URL（如/img/0），即在模态框的路由上同时显示画廊列表页界面和模态框界面。Modal Gallery 路由效果如图 7.5 所示。

图 7.5　Modal Gallery 路由效果

核心实现代码如下：

```
class ModalSwitch extends React.Component {
    //ES2016 属性初始化器的语法（属于 Babel Stage 2）
    previousLocation = this.props.location

    //在组件接收到新的 props 或者 state 但还没有 render 时被执行
    //在初始化时不会被执行
    componentWillUpdate(nextProps) {
        const { location } = this.props; //之前的属性
        //如果当前 location 不是 modal，保存前一个 location
        if (
            nextProps.history.action !== 'POP' &&
            (!location.state || !location.state.modal)
        ) {
            this.previousLocation = this.props.location;
        }
    }

    render() {
        const { location } = this.props;
        const isModal = !!(
            location.state &&
            location.state.modal &&
            this.previousLocation !== location //不是初始渲染
        );
        return (
            <div>
                {/* 当是模态框路由时，传入 previousLocation（/gallery）代替
                    当前路由位置（如/img/0）作为待匹配的 location，因此会匹配
                    画廊列表页的路由，从而使画廊列表页仍然显示在模态框后面
                */}
                <Switch location={isModal ? this.previousLocation : location}>
                    <Route exact path='/' component={Home}/>
                    <Route path='/gallery' component={Gallery}/>
                    <Route path='/img/:id' component={ImageView}/>
                </Switch>
                {isModal ? <Route path='/img/:id' component={Modal} /> : null}
            </div>
        )
    }
}

const IMAGES = [
    { id: 0, title: 'Dark Orchid', color: 'DarkOrchid' },
    { id: 1, title: 'Lime Green', color: 'LimeGreen' },
    { id: 2, title: 'Tomato', color: 'Tomato' },
```

```
        { id: 3, title: 'Seven Ate Nine', color: '#789' },
        { id: 4, title: 'Crimson', color: 'Crimson' }
    ];

    const Thumbnail = ({ color }) =>
        <div style={{
            width: 50,
            height: 50,
            background: color
        }}></div>

    const Image = ({ color }) =>
        <div style={{
            width: '100%',
            height: 400,
            background: color
        }}></div>

    const Home = () => (
        <div>
            <Link to='/gallery'>Visit the Gallery</Link>
            <h2>Featured Images</h2>
            <ul>
                <li><Link to='/img/2'>Tomato</Link></li>
                <li><Link to='/img/4'>Crimson</Link></li>
            </ul>
        </div>
    );

    const Gallery = () => (
        <div>
            {IMAGES.map(i => (
                <Link
                    key={i.id}
                    to={{
                        pathname: `/img/${i.id}`,
                        //使用 location state 表示应用将进入模态框路由
                        state: { modal: true }
                    }}
                >
                    <Thumbnail color={i.color} />
                    <p>{i.title}</p>
                </Link>
            ))}
        </div>
    )
```

```
const ImageView = ({ match }) => {
    const image = IMAGES[parseInt(match.params.id, 10)]
    if (!image) {
        return <div>Image not found</div>
    }

    return (
        <div>
            <h1>{image.title}</h1>
            <Image color={image.color} />
        </div>
    )
};

const Modal = ({ match, history }) => {
    const image = IMAGES[parseInt(match.params.id, 10)];
    if (!image) {
        return null;
    }
    const back = (e) => {
        e.stopPropagation();
        history.goBack();
    };
    return (
        <div
            onClick={back}
            style={{
                position: 'absolute',
                top: 0,
                left: 0,
                bottom: 0,
                right: 0,
                background: 'rgba(0, 0, 0, 0.15)'
            }}
        >
            <div className='modal' style={{
                position: 'absolute',
                background: '#fff',
                top: 25,
                left: '10%',
                right: '10%',
                padding: 15,
                border: '2px solid #444'
            }}>
                <h1>{image.title}</h1>
```

```
                <Image color={image.color} />
                <button type='button' onClick={back}>
                    Close
                </button>
            </div>
        </div>
    )
};
```

如上面代码所示，这里主要的技巧是在切换到模态框路由（如/img/0）时，为了同时渲染画廊列表界面和模态框界面，我们保存了上一个 location（/gallery），并把它传入 Switch 组件。因此虽然实际路由位置是模态框路由（`/img/${i.id}`），组件却认为 location 仍然停留在 `/gallery`。Switch 组件渲染 Gallery 组件，而紧跟其后的 Route 组件会同时渲染 Modal 组件，实现同时显示画廊列表页界面和模态框界面的效果。

本章总结

● React Router 通过声明式编程模型定义组件，是 React 最强大的核心功能。
● 前端路由有两种实现方式，分别基于 URL hash 和 history API 实现。
● React Router 的核心组件：Router、Route、Link、Switch、Redirect、Prompt。
● 案例：Sidebar 和 Modal Gallery。

本章作业

1. 前端路由的实现原理是什么？
2. React Router 4.0 有哪些常用组件，如何使用？
3. 请结合本章所学内容实现信息管理系统的菜单栏导航功能。

第 8 章

服务器端渲染

本章技能目标

- 理解服务器端渲染的含义及其利弊
- 掌握服务器端渲染中 state 的处理
- 掌握服务器端渲染中 Router 的处理

本章简介

服务器端渲染即 Server Side Render。区别于客户端渲染（Client Side Render），服务器端渲染由服务器执行 JavaScript 来获取数据并渲染 HTML，然后将完整的 HTML 发送给浏览器。由于该方法能让任何搜索引擎的爬虫方便地抓取网站内容，且在某些业务场景下有一定的性能优势，因而受到一些开发者的青睐。本章将介绍 React 应用服务器端渲染的方法和利弊。

1 为什么用服务器端渲染

当用户在地址栏输入一个 URL 并按回车键时，浏览器会向服务器发送一个请求，服务器直接返回一个包含数据的 HTML，这个 HTML 是组装完成的 HTML 文档（DOM 和数据的组合），这个过程就称为服务器端渲染（Server Side Render）。

与之对应的是客户端渲染，它是将 HTML 视图渲染工作交给浏览器，服务器只提供 JSON 格式数据，视图和内容都是通过运行于浏览器中的 JavaScript 来组织和渲染的。React 使用 JavaScript 创建 DOM，通过 Ajax 获取服务器端的数据，再与生成的 DOM 组合来渲染视图。这种渲染方式是在客户端浏览器上完成的，所以称为客户端渲染。

服务器端渲染的优势主要包括：

- 利于 SEO（搜索引擎优化）。
- 减少首次渲染时间。
- 前后端代码同构，可维护性高。

1.1 利于 SEO

SEO 即搜索引擎优化，它是一种利用搜索引擎的搜索规则来提高目的网站在有关搜索引擎内的排名的方式。百度是国内常用的搜索引擎，我们常说的 SEO 其实就是当用户通过百度搜索关键字时，使网站出现在更靠前的位置。

做百度 SEO 的一般流程如下：

- 申请一个域名。
- 租一个服务器，在这个服务器上存放需要做 SEO 的网页。
- 将域名解析到服务器 IP 上。
- 登录百度站长平台：http://zhanzhang.baidu.com/linksubmit/url，如图 8.1 所示。

图 8.1　百度站长平台

如图 8.1 所示，在 URL 地址栏填上需要做 SEO 的域名，让百度自动收录。注意，理论上如果没有在文件里设置禁止百度蜘蛛爬行，百度会自动收录该域名，但收录时间可能会等很久，所以一般情况下都是采用自己提交网址的方式来达到被百度等搜索引擎快速收录的效果。提交以后，百度会不断派出自己的"机器人"进行页面抓取（"机器人"俗称"百度蜘蛛"，因为互联网像一张网，"机器人"在这张网上不断"爬行"，因此得名"百度蜘蛛"），从而为网页在搜索引擎主机上建立索引，然而建立索引是需要时间的，一般情况下过半个月或者一个月就能在百度上搜索到该网站了。

　　搜索引擎上的页面索引是非常庞大的，当用户在百度中输入关键字时，搜索引擎会通过关键字来筛选页面，筛选的页面少的可能有几百个，多的则达几十万个，这就产生了排名。

　　排名是怎么定义的呢？百度蜘蛛去服务器抓取页面的内容，包括文字描述、文章、图片描述或者视频信息等。百度排名通过搜索关键字来检索这些内容，匹配度高的就排在前面。百度蜘蛛（和 Google 的爬虫不同）一般不会执行 JavaScript，它爬的主要是网站各页面的文字内容。而 React 应用的网页内容是客户端通过 JavaScript 和 Ajax 请求到的 JSON 数据渲染出来的，百度蜘蛛是无法爬取的，例如，React 入口文件可能如下：

```
<!DOCTYPE html>
<html lang="en">
    <head>
        <title></title>
        <meta charset="UTF-8">
        <meta name="viewport" content="width=device-width, initial-scale=1">
        <link href="static/style.css" rel="stylesheet">
    </head>
    <body>
        <div id="root"></div>
        <script src="./static/bundle.js"></script>
    </body>
</html>
```

　　其中<div id="root"></div>是渲染根组件的入口，<script src="./static/bundle.js"></script> 是 React 用于渲染的 JavaScript 代码。百度蜘蛛访问这个页面时是不会执行 JavaScript 的，所以爬到的内容是<div id="root"></div>，很明显内容是空的。页面没有内容，用户访问百度的时候就搜不到该网站的内容了。而服务器端渲染（Server side Render）能很好地解决这个问题，通过服务器端渲染完成 HTML 的填充，当百度蜘蛛访问服务器这个页面的时候，该页面的 HTML 已经渲染好数据内容了。

　　其实阻碍动态网站被蜘蛛或爬虫索引的主要原因是 Ajax 请求（Google 等搜索引擎的爬虫可以执行 JavaScript），例如 Google 的搜索引擎爬虫不会等待请求数据的 Ajax 返回，而是会终止一切异步 JavaScript 的执行，索引当时的页面内容。针对这个问题有两种解决方案：一种是将路由、数据获取、渲染等所有任务都放到服务器端执行；另一种是将路由、数据获取放到服务器端，而将渲染放到客户端的浏览器。为了适应国内一些搜索引擎的爬虫，目前我们只能选择前一种方案，也就是服务器端渲染。

　　该方案有一个劣势：目前通过 ReactDOM.renderToString()接口渲染一个中等复杂的 React 页面是一个 CPU 密集型任务，对于有 1000 个组件的复杂页面，大概需要占用单核 CPU 100 毫秒的时间。由于 Facebook 目前不使用服务器端渲染，因此优化 React 框架在这方面的性能不是其优先考虑的问题。

1.2 减少首次渲染时间

如果网站不需要搜索引擎索引，它就能从应用服务器端渲染中获得性能优势，即更少的首次渲染时间。那么服务器端渲染为什么会减少首次渲染时间呢？先来看看客户端渲染的关键路径，如图 8.2 所示。

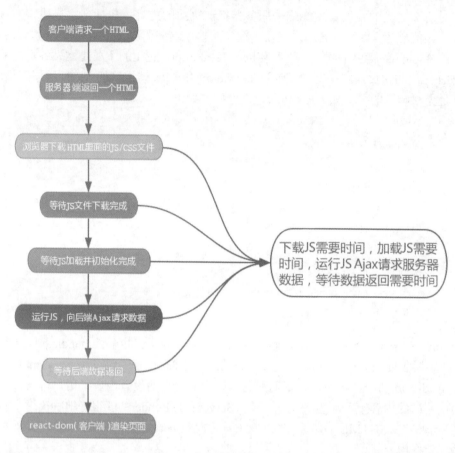

图 8.2　客户端渲染的关键路径

如图 8.2 所示，服务器返回的是一个没有数据内容的 HTML，客户端必须先下载 JavaScript 文件（下载需要时间），然后执行它，发起 Ajax 请求到服务器端获取数据，等待接口数据返回，再把数据填充到 HTML 的 DOM 中。客户端从外网环境进行数据请求，不管 API 服务器多么快，至少有 100ms 的网络延迟不可避免，从而导致首次渲染时间增加。

再来看看服务器端渲染的关键路径，如图 8.3 所示。当客户请求一个 HTML 时，服务器端返回的是已经有内容的 HTML 页面，该页面的数据请求和渲染都是在服务器端完成的。若客户端加载完 CSS，页面就能完整地展现了，这样客户端就能更快地展现首页的内容。最后再加载相关的 JavaScript，如果将 JavaScript 脚本的加载设置为 async 方式，那么它不会阻碍渲染树的构建，因此不会影响首次渲染时间。等下载完成后再执行 JavaScript，来给页面添加必要的事件监听后，可交互的页面就完全初始化好了。

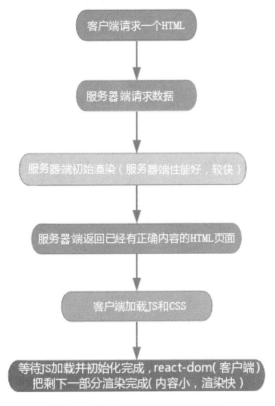

图 8.3　服务器端渲染的关键路径

　　对比一下就会发现，服务器端渲染的优势是数据请求在服务器端的内网环境下完成，不受外网环境的影响，不用等待 JavaScript 下载完成再渲染页面，所以比客户端的首次渲染时间短，用户能更快地看到页面内容，这在移动端页面中很有用。想象一下使用 React 或其他重量级的 JavaScript 库构建一个应用，如果用户在网络状况不好的情况下使用移动设备访问该应用，可能需要等待好几秒才能看到一些内容展示出来，因为客户端渲染需要先下载并执行 200KB 的 JavaScript 代码。在这种情况下，更快地展示一些内容比何时能够与页面交互更重要。

　　有实验表明[1]，在数据量不大的情况下（数据列表项在 1000 以下），服务器端渲染和客户端渲染在首次渲染时间上没有明显差异（同时适用于 PC 端和移动端）。而在数据量大的情况下，服务器端渲染比客户端渲染在首次渲染时间上要短，但在渲染结束时间上不及客户端渲染。因此，从性能方面考虑，是否采用服务器端渲染要根据业务类型而定。如果一个应用重视首次渲染时间，服务器端渲染是更好的选择。如果需要尽快地展示所有的数据并响应用户的操作，则应该选择客户端渲染。

---

[1] http://www.onebigfluke.com/2015/01/experimentally-verified-why-client-side.html。

1.3 前后端代码同构

在传统的前后端分离的 Web 应用架构下，某些应用逻辑或视图逻辑不可避免地在客户端和服务器端不同语言的代码中重复。常见的例子有时间和货币格式化、表单验证和路由逻辑。这给复杂应用带来了维护上的困难，需要投入很多的时间和精力。

采用 Node.js 进行服务器端渲染后，服务器端和客户端语言统一了，而且都使用定义好的相同的 React 组件，这些组件也依赖同一个 state，数据和组件前后端都可以复用，所以只要维护同一套 JavaScript 代码就行了。但对于复杂应用，无缝的前后端同构渲染也会遇到很多异常情况。所以开发者需要做一些额外的工作，来保证应用中的组件能无副作用地工作于前后端环境中，也就是说每个状态可能需要测试两遍。

2 服务器端渲染示例

下面用一个论坛的列表展示实例来讲解 React 应用的服务器端渲染，效果如图 8.4 所示。

图 8.4　论坛的列表展示

项目结构如下：

client	-客户端的文件
node_modules	-依赖包
server	-服务器端的文件
.babelrc	-Babel 转换配置文件（ES6 和 React 代码转换为 E5 时需要用到）
app.js	-服务入口文件
package.json	-Node.js 配置文件
webpack.config.js	-webpack 配置文件

在项目的配置文件 package.json 中定义了如下几个命令：

```
"scripts": {
        "command1":"webpack-dev-server --hot --inline --progress --colors --port 8080",
        "command2": "babel-node app.js --presets es2015,react",
        "start": "concurrently \"npm run command1 \" \"npm run command2 \""
}
```

这里用到了 concurrently 插件，它可以通过 command + number 定义多个服务。这里定义了两个服务：command1 和 command2。command1 是开发环境下客户端代码的运行命令。客户端代码的运行基于 webpack-dev-server，它是一个小型的 Express 服务器，提供热启动功能，会实时监听文件修改的变化，自动刷新页面。webpack-dev-server 可以通过 npm install --save-dev webpack-dev-server 命令来安装。command1 中命令的各选项含义如下：

```
--hot            //表示热启动（自动刷新页面）
--progress       //显示进度条
--color          //添加颜色
--port 8080      //监听 8080 端口
```

command2 是启动 Node.js 服务器端代码的命令。其中 babel-node 属于 babel-cli（babel 脚手架命令）的功能，可以通过 npm install --save-dev babel-cli 命令来安装。--presets es2015,react 选项指明我们可以在服务器端用 ES2015 和 React 的语法，Babel 会做相应的转译工作。

.babelrc 文件中定义需要转换的规则和插件：

```
{
"presets": ["es2015", "react"]
}
```

上面的代码定义了 ES2015 和 React 两个转换插件。下面再来看一下 devDependencies 字段定义的开发所需要的依赖包，如下：

```
"devDependencies": {
    "babel": "^6.23.0",
    "babel-cli": "^6.24.1",
    "babel-core": "^6.24.1",
    "babel-loader": "^7.0.0",
    "babel-preset-es2015": "^6.24.1",
    "babel-preset-react": "^6.24.1",
    "concurrently": "^3.4.0",
    "express": "^4.15.2",
    "html-webpack-plugin": "^2.28.0",
    "material-ui": "^0.18.0",
    "react": "^15.5.4",
    "react-dom": "^15.5.4",
    "webpack": "^2.5.0",
    "webpack-dev-server": "^2.4.5"
}
```

其中的 babel、babel-cli、babel-core、babel-loader、babel-preset-es2015 和 babel-preset-react 是 Babel 转译代码用到的相关包；concurrently 包是 npm 同时启动多个服务所需要的包；express 是 Node.js 的一个服务器端的框架；html-webpack-plugin 插件用于生成入口 HTML 文档；而 material-ui 是一个流行的 React UI 库，项目中基于该 UI 库编写组件。

webpack 的配置文件 webpack.config.js 如下：

```
var webpack = require('webpack');
var path = require('path');
var htmlWebpackPlugin = require('html-webpack-plugin');
module.exports = {
    context: path.join(__dirname, 'client'),
    entry: {
        js: ['./index.js']
    },
```

```
        output: {
            path: path.resolve(__dirname, 'dist'),
            filename: "./bundle.js"
        },
        module: {
            loaders: [
                {
                    test: /\.js$/,
                    loader: 'babel-loader',
                    exclude: /node_modules/
                }
            ]
        },
        plugins: [
            new htmlWebpackPlugin({
                template: path.join(__dirname, 'client/index.html')
            })
        ]
    }
```

从上面代码中可以看到项目的入口文件为 client/index.js，打包输出文件为 dist/bundle.js，htmlWebpackPlugin 指定 webpack-dev-server 访问的 html 文档的模板文件为 client/index.html。

客户端代码在 client 文件夹下，目录结构如下：

```
component        //项目组件目录
static           //静态文件目录
index.html       //入口 index.html
index.js         //入口 JavaScript 文件
```

入口 HTML 模板（index.html）中的<div id="container"></div>定义了一个 div 容器，组件会渲染到该 div 上。index.js 代码如下：

```
import React, {Component} from 'react';
import { render } from 'react-dom';
import { Router, Route, IndexRoute, browserHistory } from 'react-router';
import MuiThemeProvider from 'material-ui/styles/MuiThemeProvider';
import Index from './component/index';
class App extends Component{
    render(){
        return (
                <MuiThemeProvider>
                    {this.props.children}
                </MuiThemeProvider>


        )
    }
}
render(
    {/* browserHistory 路由方式 */}
```

```
<Router history={browserHistory}>
    <Route path="/" component={App}>
        {/*默认显示 Index 这个组件*/}
        <IndexRoute component={Index}/>
    </Route>
</Router>,
document.getElementById('container')
);
```

其中默认显示 component/index.js 中定义的 Index 组件，该组件就是论坛的列表。运行如下命令：

```
npm run command1
```

启动项目的客户端代码，访问http://localhost:8080，就能看到如图 8.4 所示的论坛列表了，这个列表是通过客户端渲染实现的。

接下来看看服务器端的代码 app.js，如下：

```
var express = require('express');
var path = require('path');
import React, {Component} from 'react';
{/* 服务器端渲染就是用 renderToString 方法将 React 组件转换成 HTML 代码*/}
import { renderToString } from 'react-dom/server';
import App from './client/component/app';

{/*设置了模板文件夹的路径*/}
app.set('views', './client');
{/*设置模板文件类型，这里是 html*/}
app.set('view engine', 'html');
{/*设置服务器端的静态目录*/}
app.use('/client/static', express.static(path.join(__dirname, 'client/static')));
app.get('/', function(req, res){
    let html = `
        <html>
            <head>
                <title>nav</title>
                <link href="style.css" rel="stylesheet">
            </head>
            <body>
                ${renderToString(<App />)}
            </body>
        </html>
    `;
    {/*返回 html 内容*/}
    res.send(html);
});
app.listen(5000);      {/*监听 5000 端口*/}
```

代码中的一对反引号"`"是 ES6 的扩展字符串语法，里面可以使用 JavaScript 变量和方法，如${renderToString(<App />)}，这是指将 App 组件通过 renderToSting 方法转换成 HTML

代码的字符串，并插入到外层的 DOM 字符串中。运行如下命令：

```
npm start
```

启动客户端和服务器端的代码，访问 localhost:5000，查看服务器端渲染的结果，其应该和客户端渲染的结果相同。打开调试工具查看 HTML，如图 8.5 所示。

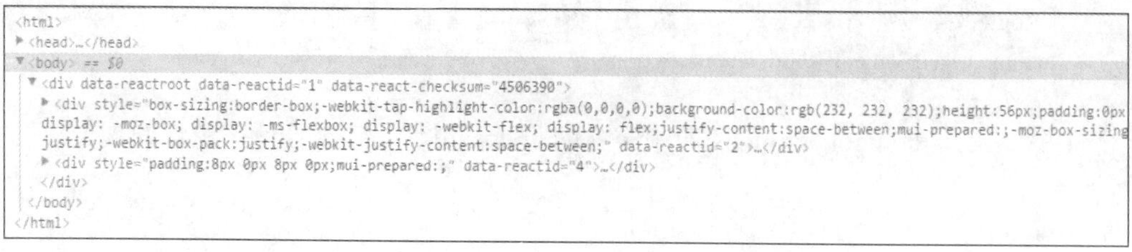

```
<html>
▶ <head>…</head>
▼ <body> == $0
  ▼ <div data-reactroot data-reactid="1" data-react-checksum="4506390">
    ▶ <div style="box-sizing:border-box;-webkit-tap-highlight-color:rgba(0,0,0,0);background-color:rgb(232, 232, 232);height:56px;padding:0px
      display: -moz-box; display: -ms-flexbox; display: -webkit-flex; display: flex;justify-content:space-between;mui-prepared:;-moz-box-sizing
      justify;-webkit-box-pack:justify;-webkit-justify-content:space-between;" data-reactid="2">…</div>
    ▶ <div style="padding:8px 0px 8px 0px;mui-prepared:;" data-reactid="4">…</div>
    </div>
  </body>
</html>
```

图 8.5　服务器端渲染的 DOM 结构

如图 8.5 所示，服务器端渲染的 DOM 节点都生成了 data-reactid 和 data-react-checksum 属性。React 在浏览器环境下使用 data-reactid 区分 DOM 节点，这也是每当组件的 state 及 props 发生变化时，React 都可以精准地更新 DOM 节点的原因。data-react-checksum 只在服务器端渲染时产生，且只会添加到根元素上。它是已创建 DOM 的校验和，允许 React 在客户端复用与服务器端结构上相同的 DOM 结构而不必重新渲染。

服务器端渲染由服务器端直接输出 HTML，可以解决 SEO 和首次渲染性能问题。但为了让客户端和服务器端共享一套代码，还需要解决同构渲染问题，即做好前后端 React 应用的状态和路由的统一处理。此处基于第 6 章和第 7 章介绍过的 Redux 和 React Router 来管理应用状态和路由跳转。下面分别介绍服务器端渲染中 state 的处理和 Router 的处理。

3　state 的处理

因为在服务器端渲染页面时已经取到了所需要的数据并渲染了页面，所以在客户端再发 Ajax 请求取一遍数据就没有必要了。我们需要考虑如何将这些数据（应用的初始窗台）从服务器端传至客户端，并确保在客户端上不再做任何与服务器端重复的事情来达到渲染的最高效率。

在服务器端渲染时可以通过在生成的 HTML 中插入如下脚本，来给客户端的 window 对象添加一个全局变量，以便传递应用的初始状态到客户端。

```
<script>window.__INITIAL_STATE__ = ${JSON.stringify(initialState)};</script>
```

将前例中的服务器端渲染代码基于 Redux 和 React Router 库重构修改如下：

```
const store = configureStore();
//发起获取论坛列表的动作
store.dispatch(fetchList()).then(() =>{
    …
    res.send(renderFullPage(html, store.getState()));
    …
}
function renderFullPage(html, initialState) {
    return `
```

```
<html>
    <head>
        <title>论坛</title>
    </head>
    <body>
        <div id="container"><div>${html}</div></div>
        <script>
            window.__INITIAL_STATE__ = ${JSON.stringify(initialState)};
        </script>
        <script src="./static/bundle.js"></script>
    </body>
</html>
`;
}
```

服务器端发起获取论坛列表数据的请求，数据返回后 Store 中的 state 将自动更新，然后将该 state 作为应用初始状态传入 renderFullPage 函数渲染页面，并通过 res.send() 返回给客户端浏览器。

客户端入口代码可修改如下：

```
import React from 'react';
import { render } from 'react-dom';
import { Provider } from 'react-redux';
import configureStore from './store';
import routes from './routes';
//将服务器端传来的应用初始状态放入 store 中
const store = configureStore(window.__INITIAL_STATE__);
const Root = (props) => {
    return (
        <div>
            <Provider store={store}>
                {routes}
            </Provider>
        </div>
    );
};
render(
    <Root />,
    document.getElementById('container')
);
```

如上所示，客户端通过服务器端传来 window.__INITIAL_STATE__ 变量初始化 Store，然后通过 Provider 组件将 Store 中的 state 通过 props 传递给具体的业务组件（论坛列表组件）。在 configureStore 函数的定义中，在 Store 上应用了 redux-thunk 中间件，使得 store.dispatch 可以接受函数作为参数，以便能处理异步 Action，代码如下：

```
import { createStore, applyMiddleware } from 'redux';
import thunk from 'redux-thunk';
import rootReducer from './reducers/index';
```

```
export default function configureStore(initialState) {
    const store = createStore(rootReducer, initialState, applyMiddleware(thunk));
    return store;
}
```

用于获取论坛列表数据的 Action Creator 定义如下：

```
import fetch from 'isomorphic-fetch';

//Action Creator
export function fetchList() {
    return (dispatch) => {
        return fetch('http://localhost:5000/posts')
            .then(res => res.json())
            .then(json => dispatch({ type: 'FETCH_LIST_SUCCESS', payload: json }));
    }
}
```

这是一个异步 Action，向服务器端接口发起 Ajax 请求获取列表数据。服务器端的接口实现代码如下：

```
app.get('/posts', function(req, res) {
    res.send(JSON.stringify([
        {
            id: 1,
            title: "标题 1",
            avatar: "static/images/uxceo-1281.jpg"
        },
        {
            id: 2,
            title: "标题 2",
            avatar: "/static/images/uxceo-128.jpg"
        },
        {
            id: 3,
            title: "标题 3",
            avatar: "/static/images/kerem-128.jpg"
        }
    ]));
});
```

以上代码中接口的实现只是模拟实现，直接返回数据，实际情况可能会从数据库获取数据并返回。应用的根 Reducer 和论坛列表 Reducer 定义如下：

```
//根 Reducer
import listReducer from './list';
import itemReducer from './item';
export default function rootReducer(state = {}, action) {
    return {
        list: listReducer(state.list, action),
        item: itemReducer(state.item, action)
```

```
        };
    }

    //列表组件的 Reducer
    const initialState = [];
    export default function listReducer(state = initialState, action) {
        switch(action.type) {
            case 'FETCH_LIST_SUCCESS': return [...action.payload];
            default: return state;
        }
    }
```

最后是列表组件的定义，代码如下：

```
    import React, {Component} from 'react';
    import MuiThemeProvider from 'material-ui/styles/MuiThemeProvider';
    import {Toolbar, ToolbarTitle } from 'material-ui/Toolbar';
    import Avatar from 'material-ui/Avatar';
    import List from 'material-ui/List/List';
    import ListItem from 'material-ui/List/ListItem';


    class PostsList extends Component{
        constructor(props, context) {
            super(props, context);
        }
        render(){
            return (
                <MuiThemeProvider>
                    <div>
                        <Toolbar>
                            <ToolbarTitle text="论坛"/>
                        </Toolbar>
                        <List>
                            {
                                this.props.list.map(item => {
                                    return (
                                    <ListItem key={item.id}
                                        disabled={true}
                                        leftAvatar={
                                            <Avatar src={item.avatar} />
                                        }
                                    >
                                        {item.title}
                                    </ListItem>
                                    )
                                })
                            }
                        </List>
```

```
                </div>
              </MuiThemeProvider>
          )
        }
      }
export default PostsList;
```

由于应用了 react-redux 库，所以论坛列表组件就成为了一个只依赖于 props 的展示组件。最后访问 http://localhost:5000，控制台会提示 bundle.js 文件找不到，这是因为 webpack-dev-server 在运行时并不会实际生成 bundle.js 文件，所访问的 JavaScript 文件实际上存储在内存中。我们需要把这个文件下载下来，放到 static 目录下面，访问 http://localhost:8080/bundle.js 并保存，再次访问 http://localhost:5000，bundle.js 文件就可以正常下载了。通过调试工具查看服务器端渲染的 HTML 返回，如图 8.6 所示。

图 8.6　服务器端渲染中 state 的处理

可以看到\<script\>标签中的 window.__INITIAL_STATE__ 变量存储了应用的初始状态，这样该应用的状态就在服务器端和客户端统一起来了。

4　Router 的处理

对于 Router 的处理，我们需要保证客户端在收到服务器端的初始状态后能正确重现匹配的路由，可以通过在服务器端和客户端都使用同一套路由来实现该效果。在一般情况下，只有用户第一次访问或刷新浏览器后的页面访问是由服务器端渲染的，接下来的操作都是由客户端处理所有的路由跳转和页面渲染。

服务器端和路由相关的代码修改如下：

```
app.use(function(req, res){
    //根据请求设置 user agent，避免服务器端渲染和客户端渲染在 css prefix 上的不一致
    global.navigator.userAgent = req.headers['user-agent'] || 'all';
    match({routes, location: req.url}, (error, redirectLocation, renderProps) => {
        if (error) {                       //处理错误
            res.status(500).send(error.message);
        } else if (redirectLocation) {     //处理重定向
            res.redirect(302, redirectLocation.pathname + redirectLocation.search);
        } else if (renderProps) {          //匹配成功
            console.log(req.url);
```

```
                const store = configureStore();
                switch (req.url) {
                    case '/':    //列表页
                        store.dispatch(fetchList()).then(() =>{              //发起异步 Action 请求数据
                            const html = renderToString(
                                <Provider store={store}>
                                    <RouterContext {...renderProps} />
                                </Provider>
                            );
                            res.send(renderFullPage(html, store.getState()));   //返回渲染结果
                        });
                        break;
                    case '/detail': //详情页
                        const html = renderToString(
                            <Provider store={store}>
                                <RouterContext {...renderProps} />
                            </Provider>
                        );
                        res.send(renderFullPage(html, store.getState()));
                        break;
                    }
            } else {
                res.status(404).send('Not Found');
            }
        });
    });
```

以上代码中用到了 app.use()方法来注册中间件，app.use()指定的方法会对每个请求都进行
处理。在收到 HTTP 请求后，用 match()方法匹配 req.url 和预先定义的路由 Routes，如果用户
的请求和应用的路由匹配成功，则请求数据并在服务器端渲染 HTML 后将其返回给浏览器。

路由 routes.js 的定义如下：

```
import React from 'react';
import {Router, browserHistory, Route, IndexRoute} from 'react-router';
import App from './component/app';        //借助 react-redux 生成的列表组件的容器组件
import Detail from './component/detail';  //详情页展示组件
const Routes = (
    <Router history={browserHistory}>
        <Route path="/" component={App} ></Route>
        <Route path="/detail" component={Detail} />
    </Router>
);
export default Routes;
```

其中 App 组件是通过 react-redux 的 connect()方法根据论坛列表组件生成的容器组件，其

定义如下：

```
import React, {Component} from 'react';
import { connect } from 'react-redux'
import Posts from './list';
import {fetchList} from '../actions';

const mapStateToProps = (state) => {
    return {
        list: state.list
    }
};

const mapDispatchToProps = (dispatch) => ({
        fetchList: dispatch(fetchList())
});

const App = connect(
    mapStateToProps,
    mapDispatchToProps
)(Posts);

export default App;
```

以上代码中 mapStateToProps 函数定义了一个从外部的 state 到展示组件的 props 对象的映射关系，使列表组件订阅 Store，Store 的更新会引起该组件 props 对象的更新。而 mapDispatchToProps 将 store.dispatch()方法（这里是获取列表数据的异步 Action）映射到列表组件的属性上，以便在列表组件中通过 this.props.fetchList 发起数据请求动作。另外，列表组件的列表项还会通过 react-router 的 Link 组件增加跳转的链接，代码如下：

```
import React, {Component} from 'react';
import MuiThemeProvider from 'material-ui/styles/MuiThemeProvider';
import {Toolbar, ToolbarTitle } from 'material-ui/Toolbar';
import Avatar from 'material-ui/Avatar';
import List from 'material-ui/List/List';
import ListItem from 'material-ui/List/ListItem';
import {Link} from 'react-router';

class PostsList extends Component{
    constructor(props, context) {
        super(props, context);
    }
    componentDidMount() {
        if(window.__INITIAL_STATE__.list.length == 0) { /*非服务器端渲染时
            通过属性参数发起数据请求 Action*/
            this.props.fetchList；
        }
```

```
        }
    render(){
        return (
            <MuiThemeProvider>
                <div>
                    <Toolbar>
                        <ToolbarTitle text="列表"/>
                    </Toolbar>
                    <List>
                        {
                            this.props.list.map(item => {
                                return (
                                <ListItem key={item.id}
                                    disabled={true}
                                    leftAvatar={
                                        <Avatar src={item.avatar} />
                                    }
                                >
                                    <Link to="/detail">
                                        {item.title}
                                    </Link>
                                </ListItem>
                                )
                            })
                        }
                    </List>
                </div>
            </MuiThemeProvider>
        )
    }
}
export default PostsList;
```

　　注意，列表组件的 componentDidMount 生命周期方法中增加了在非后端渲染时请求列表
数据的逻辑，这是为了这样的使用场景：当用户第一次访问的不是列表页，之后通过前端路由
跳转到列表页时，由于不是通过服务器端渲染该路由下组件的，所以全局变量 window.__
INITIALSTATE__中的 list 属性并没有数据，此时需要前端去后台主动获取数据。再次运行 npm start
命令并访问 http://localhost:5000，列表页正常显示如前。由于列表项中增加了 Link 组件，单击
任意列表项都会跳转到 http://localhost:5000/detail，渲染结果如图 8.7 所示。

　　当切换到/detail 路由的时候，可以从调试工具的 Network 标签页看到此时并没有访问服务
器端 http://localhost:5000/detail 的请求，说明该路由跳转是在客户端进行的。

图 8.7 路由跳转到详情页

本章总结

- 用服务器端渲染的优势如下：
  - ➤ 利于 SEO。
  - ➤ 减少首次渲染的时间。
  - ➤ 前后端代码同构，可维护性高。
- 用服务器端渲染的劣势如下：
  - ➤ 消耗大量服务器端的 CPU 时间。
  - ➤ 在渲染结束时间上不及客户端渲染。
  - ➤ 同构渲染需要更多的测试。
- 通过实例掌握如何进行服务器端渲染。
- 在客户端和服务器端统一应用状态处理。
- 在客户端和服务器端统一路由处理。

本章作业

1. 简述服务器端渲染和客户端渲染的区别。
2. 简述如何搭建服务器端渲染的环境。

3．结合本章内容，完成购物列表页面和详情页面的展示，如图 8.8 和图 8.9 所示。

图 8.8　购物列表页面

图 8.9　详情页面

第 9 章

React Native 开发

本章技能目标

- 熟悉 React Native 开发环境
- 掌握 React Native 中的 Flexbox 布局
- 掌握 React Native 中的 JSX
- 掌握 React Native UI 组件开发

本章简介

React Native 是一个面向前端开发者的移动端开发框架。开发者可以像使用 React 写 Web 应用那样使用 JavaScript 和 React 构建原生移动 App。本章将带领读者开启 React Native 开发之旅，从开发环境搭建、第一个 React Native 程序到 Flexbox 布局，从 JSX 语法的应用到 React Native UI 组件的介绍与应用，一步一步地体验 React Native 开发的奥秘与乐趣。

1   React Native 开发入门

采用 React Native（简称 RN）开发手机应用，可以通过声明式的组件来构建复杂的移动界面，不同于"移动 Web App""HTML5 App"和"混合 App"，基于 RN 构建的 UI 是原生的（iOS 上基于 UIKit，Android 上基于 View 和 ViewGroup）。RN 在 iOS 和 Android 上使用基本相同的基础 UI 构建组件，因此只需要学习一次，就可以跨平台编写应用。

React 将 UI 分解成组件，废弃了模板，统一了视图逻辑标签，使构建的视图更容易扩展和维护。Virtual DOM 是其提高性能的亮点，React 中的 DOM 并不一定能马上影响真实的 DOM，React 会等到事件循环结束，利用 diff 算法将当前新 DOM 树与之前的 DOM 树作比较，计算出最少的步骤来更新真实的 DOM。React 使用 css-layout，而 css-layout 使用 JavaScript 实现了Flexbox 布局，其不依赖 DOM 且能编译成 Object-C 或者 Java，从而达到跨平台的展示目的，同时还支持简单的布局和动画。

React Native 可以与使用 Object-C（或 Swift）和 Java 语言编写的组件很好地结合。如果需要优化应用的某些方面，还可以轻松地深化原生代码。当然，应用可以一部分用 React Native编写，另一部分直接用原生代码编写。目前很多互联网公司也在积极尝试用 RN 来跨平台开发应用，其中包括 Facebook、Instagram、Airbnb、腾讯、百度、阿里巴巴、小米等公司。使用开放的 Web 技术跨平台构建应用，可以简化团队技术栈的复杂度，降低公司的人力成本。

React Native 可以使开发者更快地构建应用。开发者可以在代码修改后立即重新加载应用，而不用重新编译它（热加载）。React Native 仅支持 Android 4.1（API 16）以上和 iOS 7.0 以上的系统版本，目前的最新版本是 React Native 0.48。

本节将带领大家搭建 React Native 的开发环境，并通过 React Native 版的"Hello World"程序为大家开启 React Native 跨平台 App 开发的大门。React Native 应用和 React 应用基本相似，只是 React 使用 Web 组件作为构建基础，而 React Native 使用的是原生组件。目前 React Native 支持 iOS 和 Android 两种移动操作系统上的应用开发，下面分别介绍这两种开发环境的搭建。

1.1   搭建 iOS App 的 RN 开发环境

由于目前不支持在 Windows 上用 React Native 开发 iOS 应用，所以我们需要在 Mac OS 系统中搭建 iOS App 的 React Native 开发环境。

安装依赖

需要安装 Node.js、Watchman、React Native 命令行工具和 Xcode。

（1）Node.js 和 Watchman。

建议在 Mac OS 上使用 Homebrew（https://brew.sh）安装 Node.js 和 Watchman。可以运行如下命令：

```
brew install node
brew install watchman
```

注意：Watchman（https://facebook.github.io/watchman）是 Facebook 开发的一个用于监听

文件系统中文件变化的工具。出于对开发效率的考虑，强烈建议安装该工具。

（2）React Native 命令行工具。

安装的 Node.js 中包含包管理工具 NPM，可用 NPM 安装 React Native 命令行工具，即运行如下命令：

```
npm install -g react-native-cli
```

（3）Xcode。

安装 Xcode 最简单的方式是通过 Mac App Store（https://itunes.apple.com/us/app/xcode/id497799835?mt=12），也可以去 Apple 开发者中心（https://developer.apple.com/download/more）下载安装。安装 Xcode 的同时也会安装 iOS 模拟器和构建 iOS 应用所需要的其他工具，还需要安装 Xcode 命令行工具，如图 9.1 所示。

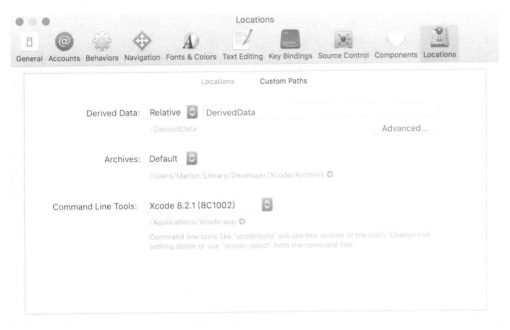

图 9.1　安装 Xcode 命令行工具

打开 Xcode，从菜单中选择 Preferences（或者使用 Command +，组合键），单击 Locations 选项卡，在命令行工具（Command Line Tools）下拉列表中选择最新版本的 Xcode 并安装。

下面来测试一下 React Native 的 iOS 开发环境。使用 RN 命令行工具生成一个新 RN 项目（如 AwesomeProject），然后在新创建的项目中运行 react-native run-ios 命令，代码如下：

```
react-native init AwesomeProject
cd AwesomeProject
react-native run-ios
```

稍等片刻将会看到新 App 在 iOS 模拟器中运行，如图 9.2 所示。

react-antive run-ios 命令只是运行 RN 应用的一种方式，开发者也可以直接在 Xcode 中运行应用。只需要进入新项目中的 iOS 目录，双击 AwesomeProject.xcodeproj 打开 Xcode，单击左上角的"运行"按钮（或使用 Command + R 组合键）即可运行应用。

图 9.2　iOS 模拟器中的运行效果

1.2　搭建 Android App 的 RN 开发环境

安装依赖

和 iOS 应用开发环境一样，搭建 Android 应用开发环境也需要安装 Node.js、Watchman、React Native 命令行工具，另外还需要安装 Android Studio 集成开发工具。

（1）Node.js 和 Watchman。

在 Mac OS 中依然使用 Homebrew（https://brew.sh）安装 Node.js 和 Watchman。可以运行如下命令：

```
brew install node
brew install watchman
```

Windows 系统中建议通过 Chocolatey（https://chocolatey.org）包管理器安装 Node.js 和 Python2。以管理员身份在命令行中运行如下命令：

```
choco install nodejs.install
choco install python2
```

（2）React Native 命令行工具。

用 Node.js 的包管理工具 NPM 安装 React Native 命令行工具，运行如下命令：

```
npm install -g react-native-cli
```

（3）Android 开发环境。

1）下载安装 Android Studio。

Android Studio 提供 Android SDK 和 AVD（Android Virtual Devices），用于运行测试 React Native 应用。下载地址：https://developer.android.com/studio/index.html。

2）安装 AVD 和 HAXM。

AVD 可以使开发者在计算机上通过模拟器运行 Android 应用。第一次运行 Android Studio 时可以选择定制安装，但必须确保选择了如下全部选项：

- Android SDK
- Android SDK Platform
- Performance（Intel HAXM）
- Android Virtual Device

单击 Next 按钮安装以上所有组件。

3）安装 Android 6.0（Marshmallow）SDK。

Android Studio 会默认安装最新的 Android SDK，但是目前 React Native 依赖于 Android 6.0（Marshmallow）。为了安装 Android 6.0 SDK，可以在 Android Studio 的欢迎页面单击右下角的 Configure 菜单运行 SDK Manager。在 SDK Manager 中单击 SDK Platforms 选项卡并勾选页面右下角的 Show Package Details 复选框。展开 Android 6.0（Marshmallow）列表，确认如下项目均已被勾选（如图 9.3 所示）：

- Google APIs
- Android SDK Platform 23
- Intel x86 Atom_64 System Image
- Google APIs Intel x86 Atom_64 System Image

	Name	API Level	Revision	Status
	Google APIs ARM 64 v8a System Image	24	10	Not installed
	Google APIs ARM EABI v7a System Image	24	10	Not installed
	Google APIs Intel x86 Atom System Image	24	10	Not installed
	Google APIs Intel x86 Atom_64 System Image	24	10	Not installed
▼	Android 6.0 (Marshmallow)			
☑	Google APIs	23	1	Installed
☑	Android SDK Platform 23	23	3	Installed
☑	Sources for Android 23	23	1	Installed
	Android TV ARM EABI v7a System Image	23	3	Not installed
	Android TV Intel x86 Atom System Image	23	8	Not installed
	Intel x86 Atom System Image	23	9	Not installed
☑	Intel x86 Atom_64 System Image	23	9	Installed
	Google APIs ARM EABI v7a System Image	23	19	Not installed
	Google APIs Intel x86 Atom System Image	23	19	Not installed
☑	Google APIs Intel x86 Atom_64 System Image	23	19	Installed
▼	Android 5.1 (Lollipop)			
	Google APIs	22	1	Not installed
	Android SDK Platform 22	22	2	Not installed

☑ Show Package Details

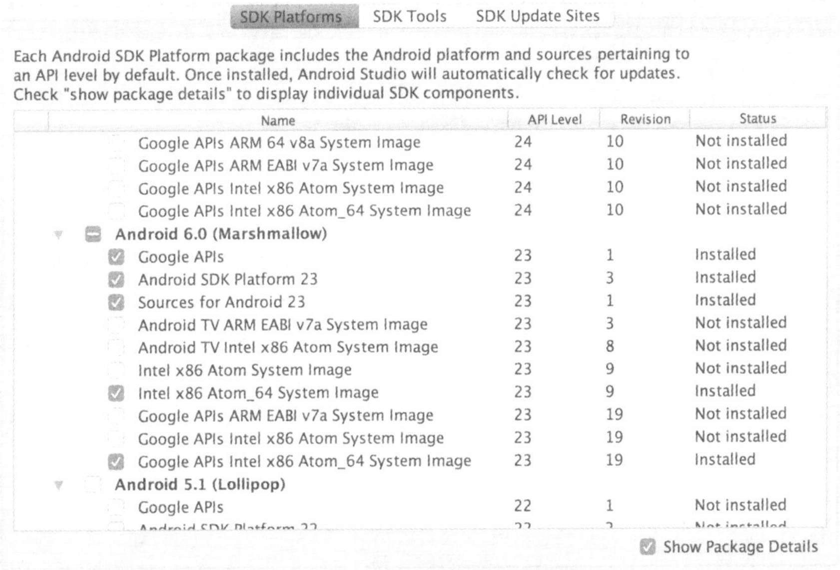

图 9.3　Android 6.0 SDK 安装

单击 SDK Tools 选项卡并同样勾选 Show Package Details 复选框。展开 Android SDK Build

Tools 列表，确认选中 Android SDK Build-Tools 23.0.1 复选框。最后单击 Apply 按钮下载并安装 Android SDK 和相关构建工具。

4）设置 ANDROID_HOME 环境变量。

React Native 命令行工具要求设置 ANDROID_HOME 环境变量。在 Mac OS 上的设置方法是添加如下内容到 ~/.profile 配置文件：

```
export ANDROID_HOME=${HOME}/Library/Android/sdk
export PATH=${PATH}:${ANDROID_HOME}/tools
export PATH=${PATH}:${ANDROID_HOME}/platform-tools
```

输入 source ~/.profile 命令将配置重新载入当前的 shell。

在 Windows 系统中，可以通过"控制面板"→"系统与安全"→"系统"→"更改设置"→"系统高级设置"→"环境变量"→"新增"来增加一个环境变量。输入 Android SDK 的路径，如图 9.4 所示。

图 9.4　在 Windows 系统中设置 ANDROID_HOME 环境变量

重启命令行窗口即可应用新的环境变量。

（4）设置 Android 模拟器。

在 Android Studio 中单击图 9.5 中的第一个图标打开 AVD Manager。在 AVD Manager 中可以看到可用的 AVD 模拟器列表。

图 9.5　AVD Manager 入口

开发者也可以通过运行 android avd 命令打开 AVD Manager。在 AVD Manager 中，可选择模拟器并单击 Edit 按钮，在 Target 滚动列表中选择 Android 6.0-API Level 23，在 CPU/ABI 滚动列表中选择 Intel Atom(x86_64)，如图 9.6 所示。然后单击 OK 按钮，选择这个新的模拟器并单击 Start 按钮，最后单击 Launch 按钮。

接着来测试一下 React Native 的 Android 开发环境。使用 RN 命令行工具生成一个新 RN 项目 AwesomeProject，然后在新创建的项目中运行 react-native run-android 命令，代码如下：

```
react-native init AwesomeProject
cd AwesomeProject
react-native run-android
```

如果一切安装正确，就会看到这个新 App 在 Android 模拟器中的运行效果，如图 9.7 所示。

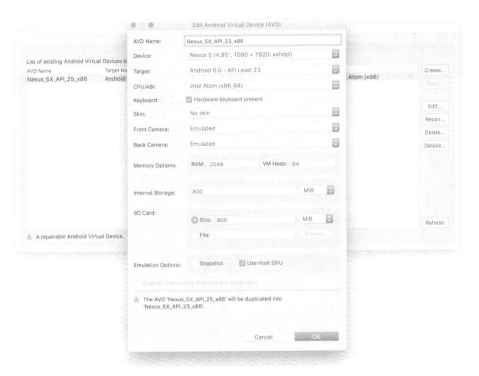

图 9.6　设置 Android 模拟器

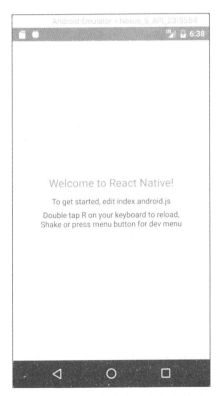

图 9.7　Android 模拟器中的运行效果

1.3　Hello World

下面来看看 React Native 版的 Hello World 程序，以便理解 React Native 应用，如图 9.8 所示。

```
1  import React, { Component } from 'react';
2  import { AppRegistry, Text } from 'react-native';
3
4  class HelloWorldApp extends Component {
5    render() {
6      return (
7        <Text>Hello world!</Text>
8      );
9    }
10 }
11
12 AppRegistry.registerComponent('HelloWorldApp', () => HelloWorldApp);
```

图 9.8　React Native 版的 Hello World 程序

React Native 支持 ES2015（也称为 ES6），图 9.8 程序中的 import、from、class、extends 和()=>等语法都是 ES2015 的功能。如果读者还不熟悉 ES2015，可以参考阮一峰编写的《ES6 标准入门》一书（电子版下载地址：http://es6.ruanyifeng.com），浏览一下 ES2015 的语法。Hello World 示例程序中的<Text>Hello world!</Text>行使用了 JSX 语法（一种在 JavaScript 中嵌入 XML 结构的语法）。许多框架使用特定的模板语言要求开发者在标记语言中嵌入 JS 代码，但在 React 中，JSX 语法要求在 JavaScript 代码中嵌入标记语言结构。这看起来很像 Web 中的 HTML，只是不使用<div>和<span>等元素，而使用 React Native 组件。在这里<Text>是一个用于显示某些文本的内置组件。

图 9.8 中的代码定义了一个名为 HelloWorldApp 的新组件，该组件需要通过 React Native 内置的 AppRegistry 模块注册。在编写 React Native 应用时会写出很多新的组件，而一个 App 的界面其实就是各种组件的组合。组件本身可以非常简单，其必须在 render()方法中返回一些用于渲染结构的 JSX 语句。AppRegistry 模块负责告知 React Native 哪一个组件被注册为整个应用的根组件。一般在整个应用里 AppRegistry.registerComponent()方法只会被调用一次，这段代码中已经包含了具体的用法，只需将其整体复制到 index.ios.js 或 index.android.js 文件中即可运行。

2　布局

目前各 GUI 平台都有自己的一套布局解决方案。iOS 平台有自动布局系统，Android 有容器布局系统，而 Web 端有基于 CSS 的布局系统。多种布局系统共存所带来的弊端是很明显的：平台间的共享变得很困难，而每个平台都需要专人负责开发维护，这增加了开发成本。Facebook 在 React Native 里引入了一种跨平台的基于 CSS 的布局系统，它遵循了 Flexbox 规范。随着这个布局系统的不断完善，Facebook 决定对它进行重启发布，并取名 Yoga（https://facebook.github.io/yoga，原名为 css-layout）。Yoga 基于 C 实现，性能卓越，目前支持的语言平台包括：Java（基于 Android 平台）、Objective-C（基于 iOS 平台）、C#（基于 .NET 平台）、C、JavaScript。我们在 React Native 中使用 Yoga（Flexbox）来指定某个组件的子元素的布局。Flexbox 可以在不同屏幕尺寸上提供一致的布局结构，通常可以使用 flexDirection、alignItems 和 justifyContent 的组合来实现正确的布局。

2.1　React Native 布局和标准 Flexbox 的区别

虽然 Yoga 实现了 Flexbox，但并未实现全部的 CSS，而且没有严格地遵循 W3C（万维网联盟）的 Flexbox 规范。

首先，Yoga 选择改变 Flexbox 规范中某些属性的默认值来更好地适应移动端布局的使用场景。如下 CSS 代码展示了 Yoga 中对应 W3C Flexbox 规范的布局属性的默认值：

```
div {
    box-sizing: border-box;
    position: relative;

    display: flex;
    flex-direction: column;
    align-items: stretch;
    flex-shrink: 0;
    align-content: flex-start;

    border-width: 0px;
    margin: 0px;
    padding: 0px;
    min-width: 0px;
}
```

从代码中可以看到，和 Flexbox 规范不同，flexDirection 属性的默认值是 column 而不是 row，而 flex 的参数也只能指定一个数字值。

其次，Yoga 为 margin、padding、border 和 position 等属性实现了一个非标准的从右到左的布局支持，从而允许开发者指定这些属性的 start（代替 left）和 end（代替 right）参数。

2.2　Flexbox 三个重要布局属性的用法

1．flexDirection

在组件的 style 中指定 flexDirection 可以决定布局的主轴。子元素的默认值是沿着竖直轴（column）方向排列的。

在图 9.9 左侧的代码中，父级视图的弹性盒模型的主轴方向设置为水平轴（row），表示其子元素按行（横向）排列，实际运行效果见图 9.9 中右侧的手机图片。

```
1  import React, { Component } from 'react';
2  import { AppRegistry, View } from 'react-native';
3
4  class FlexDirectionBasics extends Component {
5    render() {
6      return (
7        // Try setting 'flexDirection' to 'column'.
8        <View style={{flex: 1, flexDirection: 'row'}}>
9          <View style={{width: 50, height: 50, backgroundColor: 'powderblue'}} />
10         <View style={{width: 50, height: 50, backgroundColor: 'skyblue'}} />
11         <View style={{width: 50, height: 50, backgroundColor: 'steelblue'}} />
12       </View>
13     );
14   }
15 };
16
17 AppRegistry.registerComponent('AwesomeProject', () => FlexDirectionBasics);
```

图 9.9　flexDirection 用法

2．justifyContent

在组件的 style 中指定 justifyContent 可以决定其子元素沿着主轴的对齐方式。为确定子元素是应靠近主轴的起始端分布、末尾端分布，亦或均匀分布，对应的可选项有 flex-start、center、flex-end、space-around 以及 space-between。

如图 9.10 所示，父视图的 justifyContent 属性被设置为 space-between，表示两端对齐且项目之间的间隔相等。而 flex-start（左对齐）是默认的对齐方式，space-around 表示每个项目两侧的间隔相等，即项目之间的间隔比项目与边框的间隔大一倍。

```
1  import React, { Component } from 'react';
2  import { AppRegistry, View } from 'react-native';
3
4  class JustifyContentBasics extends Component {
5    render() {
6      return (
7        // Try setting `justifyContent` to `center`.
8        // Try setting `flexDirection` to `row`.
9        <View style={{
10         flex: 1,
11         flexDirection: 'column',
12         justifyContent: 'space-between',
13       }}>
14         <View style={{width: 50, height: 50, backgroundColor: 'powderblue'}} />
15         <View style={{width: 50, height: 50, backgroundColor: 'skyblue'}} />
16         <View style={{width: 50, height: 50, backgroundColor: 'steelblue'}} />
17       </View>
18     );
19   }
```

图 9.10　justifyContent 用法

3．alignItems

在组件的 style 中指定 alignItems 可以决定其子元素沿着次轴（与主轴垂直的轴，比如若主轴方向为 row，则次轴方向为 column）的排列方式。为确定子元素是应该靠近次轴的起始端分布、末尾端分布，亦或均匀分布，对应的这些可选项有 flex-start、center、flex-end 和 stretch。

如图 9.11 所示，父视图的 alignItems 属性被设置为 center，表示在次轴上居中对齐。而 stretch （撑满）是默认的对齐方式。为了使 stretch 选项生效，子元素在次轴方向上不能有固定的尺寸。以下面的代码为例，只有将子元素样式中的 width: 50 去掉或设置为 auto 之后，alignItems: 'stretch' 才能生效。

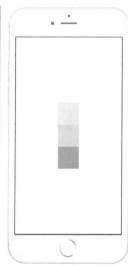

```
import React, { Component } from 'react';
import { AppRegistry, View } from 'react-native';

class AlignItemsBasics extends Component {
  render() {
    return (
      // Try setting `alignItems` to 'flex-start'
      // Try setting `justifyContent` to `flex-end`.
      // Try setting `flexDirection` to `row`.
      <View style={{
        flex: 1,
        flexDirection: 'column',
        justifyContent: 'center',
        alignItems: 'center',
      }}>
        <View style={{width: 50, height: 50, backgroundColor: 'powderblue'}} />
        <View style={{width: 50, height: 50, backgroundColor: 'skyblue'}} />
        <View style={{width: 50, height: 50, backgroundColor: 'steelblue'}} />
      </View>
```

图 9.11　alignItems 用法

2.3　Flexbox 布局案例

1. 需求描述
- 利用 CSS3 的 Flexbox 布局完成图 9.12 所示的携程 App 首页业务分类模块效果。
- 实现头部导航栏功能。
- 使用 JSX 语法编写页面结构。

2. 技能要点
- Flexbox 的使用。
- JSX 语法的使用。

3. 操作步骤
- 用 RN 命令行工具新建 React Native 项目。
- 修改 index.ios.js，引入 NavigatorIOS 增加导航栏和初始路由。
- 编写 Index 组件实现首页业务分类模块。
- 编写组件页面结构。
- 编写组件样式。
- 设置图片根据宽度和高度自适应大小。

4. 完成效果
完成效果如图 9.12 所示。

图 9.12　携程 App 首页业务分类模块

5. 关键代码

（1）index.ios.js。

```
import React, { Component } from 'react';
import {
  AppRegistry,
  StyleSheet,
  NavigatorIOS        //引入 iOS 原生导航栏组件
} from 'react-native';
import Index from './pages/Index';    {/* 引入自定义组件 */}

export default class AwesomeProject extends Component {
  render() {
    return (
      <NavigatorIOS
          style={styles.container}
          initialRoute={{
            title: '首页',          //当前页面导航栏标题
            component: Index,        //当前路由下显示的组件
          }}
      />
    );
  }
}
const styles = StyleSheet.create({
  container: {
      flex: 1,
  }
});
```

```
AppRegistry.registerComponent('AwesomeProject', () => AwesomeProject);
```

（2）pages/Index.js。

```
import React from 'react';
import {
    AppRegistry,
    StyleSheet,
    Text,
    View,
    Image,
    TouchableHighlight,
    ScrollView
} from 'react-native';

var BUIcon = [
        'https://raw.githubusercontent.com/vczero/vczero.github.io/master/ctrip/%E6%9C%AA%E6%A0%87%
        E9%A2%98-1.png',
        'https://raw.githubusercontent.com/vczero/vczero.github.io/master/ctrip/feiji.png',
        'https://raw.githubusercontent.com/vczero/vczero.github.io/master/ctrip/lvyou.png',
        'https://raw.githubusercontent.com/vczero/vczero.github.io/master/ctrip/gonglue.png'
];

var Index = React.createClass({    //自定义组件类
    render: function() {
        return (
            <ScrollView>
            <View style={styles.container}>
              <View style={[styles.sbu_red, styles.sbu_view]}>
                <TouchableHighlight underlayColor={'#FA6778'} style={{flex:1}}>
                    <View style={[styles.sbu_flex, styles.sbu_borderRight]}>
                        <View style={[styles.sub_con_flex, styles.sub_text]}>
                            <Text style={[styles.font16]}>酒店</Text>
                        </View>
                        <View style={[styles.sub_con_flex]}>
                            <Image style={[styles.sbu_icon_img]} source={{uri:BUIcon[0]}}></Image>
                        </View>
                    </View>
                </TouchableHighlight>
                <View style={[styles.sbu_flex, styles.sbu_borderRight]}>
                    <View style={[styles.sub_con_flex, styles.sub_text, styles.sbu_borderBottom]}>
                        <Text style={[styles.font16]}>海外</Text>
                    </View>
                    <View style={[styles.sub_con_flex, styles.sub_text]}>
                        <Text style={[styles.font16]}>周边</Text>
                    </View>
                </View>
                <View style={[styles.sbu_flex]}>
```

```
                    <View style={[styles.sub_con_flex, styles.sub_text, styles.sbu_borderBottom]}>
                        <Text style={[styles.font16]}>团购.特惠</Text>
                    </View>
                    <View style={[styles.sub_con_flex, styles.sub_text]}>
                        <Text style={[styles.font16]}>客栈.公寓</Text>
                    </View>
                </View>
              </View>
                {/* 其余业务模块   */}
            </View>
            </ScrollView>
        );
    }
});
var styles = StyleSheet.create({    //组件样式定义
    //container
    container:{
        backgroundColor:'#F2F2F2',
        flex:1,
    },
    //slider
    wrapper: {
        height:80,
    },
    //sbu
    sbu_view:{
        height:84,
        marginLeft: 5,
        marginRight:5,
        borderWidth:1,
        borderRadius:5,
        marginBottom:10,
        flexDirection:'row',
    },
    sbu_red:{
        backgroundColor: '#FA6778',
        borderColor:'#FA6778',
        marginTop: 0
    },
    sbu_blue:{
        backgroundColor: '#3D98FF',
        borderColor:'#3D98FF',
    },
    sbu_green:{
        backgroundColor: '#5EBE00',
        borderColor:'#5EBE00',
```

```
        },
        sbu_yellow:{
            backgroundColor: '#FC9720',
            borderColor:'#FC9720',
        },
        sbu_flex:{
            flex:1,
        },
        sbu_borderRight:{
            borderColor:'#fff',
            borderRightWidth: 0.5,
        },
        sbu_icon_img:{
            height:40,
            width:40,
            resizeMode:Image.resizeMode.contain,    //设置图片根据宽度和高度自适应大小
        },
        sub_con_flex:{
            flex:1,
            justifyContent: 'center',
            alignItems: 'center',
        },
        sub_text:{
            justifyContent:'center',
        },
        font16:{
            fontSize:17,
            color:'#FFF',
            fontWeight:'900',
        },
        sbu_borderBottom:{
            borderBottomWidth:0.5,
            borderBottomColor:'#fff',
        }
    });
    module.exports = Index;
```

3　JSX 在 React Native 中的应用

从本质上来说，JSX 是 React.createElement(component, props, ..., children)的语法糖，可以通过 Babel 将类 XML 的语法转换为原生 JavaScript 代码。XML 元素、属性和子节点可被转换成 React.createElement 的参数。在 JSX 中表达式需要用{ }包裹，在 2.3 节的代码中，style = { ... } 即为 JavaScript 表达式（属性表达式）。JavaScript 表达式可以作为 JSX 的属性值，也可以描述子节点。代码如下：

```
var content = <View>{window.isLoggedIn ? <Text>user name</Text> : <Text>Login</Text>}</View>;
```

（1）扩展属性。

如果希望将已有的 props 对象传到 JSX 中，可以使用"..." ES6 扩展操作符传入整个 props 对象。如下两个组件是一样的：

```
function View1() {
  return <View tagid="abcd1234" poiname="天安门" ></View>;
}


function View2() {
  const props = {tagid: ' abcd1234', poiname: '天安门'};
  return <View {...props} ></View>;
}
```

（2）注释。

JSX 里的注释也是 JavaScript 表达式，所以也需要用 { } 包裹起来，代码如下：

```
var content = (
  <View>
    {/* 一般注释，用{}包围 */}
    <Text
      /* 多
          行
          注释 */
      style={window.isLoggedIn ? window. isLoggedIn: "} //行尾注释
    ></Text>
  </View>
);
```

（3）样式中的 JSX 语法。

普通内联样式，如 `<Text style={{styles.font16}}>`海外`</Text>`中的两层" {}"大括号，其中外层大括号是 JavaScript 表达式，内层大括号是 JavaScript 对象。调用样式表，如`<View style={styles.container}></View>`，采用{样式类.属性}方式表示。可以用{[]}结构实现样式表和内联样式的共存，如`<View style={[styles.container, {fontSize:40, width:80}]}>`。多个样式表可以用{[样式类 1,样式类 2]}表示，如`<View style={[styles.container, styles.color]}>`。

4 React Native UI 组件

React 将 UI 分解成组件，废弃了模板，统一了视图逻辑标签，使构建的视图更容易扩展和维护。

React Native 基于 React 的思想封装了大部分常用的 UI 组件。在 React Native 官网文档（https://facebook.github.io/react-native/docs/getting-started.html）中列出了所有可提供的 UI 组件，如图 9.13 所示。

ActivityIndicator	SegmentedControlIOS
Button	Slider
DatePickerIOS	SnapshotViewIOS
DrawerLayoutAndroid	StatusBar
Image	Switch
KeyboardAvoidingView	TabBarIOS
ListView	TabBarIOS.Item
MapView	Text
Modal	TextInput
Navigator	ToolbarAndroid
NavigatorIOS	TouchableHighlight
Picker	TouchableNativeFeedback
PickerIOS	TouchableOpacity
ProgressBarAndroid	TouchableWithoutFeedback
ProgressViewIOS	View
RefreshControl	ViewPagerAndroid
ScrollView	WebView

图 9.13   React Native UI 组件

4.1　运行 UI 组件示例

在 react-native 的 GitHub 项目中可以找到所有 UI 组件的示例（https://github.com/facebook/react-native/tree/master/Libraries/Components）。为了运行 UI 组件的示例，需要在终端运行如下命令获取 react-native 项目。

```
git clone https://github.com/facebook/react-native.git
cd react-native
npm install
```

（1）在 iOS 上运行。

在 Xcode 中打开 Examples/UIExplorer/UIExplorer.xcodeproj 并单击左上角的"运行"按钮来启动示例，运行效果如图 9.14 所示。

在 Examples/UIExplorer/UIExplorer 的 AppDelegate.m 文件中指定了 React Native 的 JavaScript 程序的入口文件为 Examples/UIExplorer/js/UIExplorerApp.ios.js，代码如下：

```
- (NSURL *)sourceURLForBridge:(__unused RCTBridge *)bridge
{
    return [[RCTBundleURLProvider sharedSettings] jsBundleURLForBundleRoot:@"Examples/
UIExplorer/js/UIExplorerApp.ios"
        fallbackResource:nil];
}
```

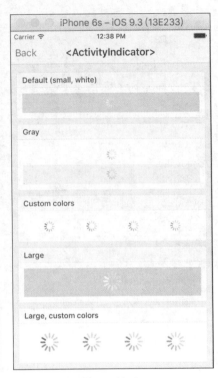

图 9.14　React Native UI 组件在 iOS 上的运行效果

（2）在 Android 上运行。

在 Android 上运行 React Native UI 组件示例需要先安装 Android SDK 和 Android NDK。安装 Android NDK 及其构建工具是为了编译和调试原生代码。需要安装的具体工具集如下：

- NDK（Android 原生开发工具包）：一个可以在 Android 中使用 C/C++代码的工具集。
- CMake：和 Gradle 一起构建原生代码库的外部构建工具。
- LLDB：Android Studio 调试原生代码的调试器。

开发者可以使用 Android Studio 的 SDK Manager 安装以上工具集，如图 9.15 所示。

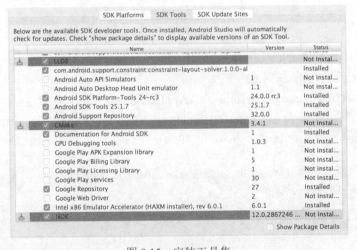

图 9.15　安装工具集

　　然后用 Android Studio 以 gradle 项目方式导入 react-native（导入项目时选择项目根目录下的 build.gradle 文件），最后运行以下命令，并在模拟器中打开 React Native UI 组件示例程序，运行效果如图 9.16 所示。

```
cd react-native
./gradlew :Examples:UIExplorer:android:app:installDebug
./packager/packager.sh
```

　　注意：第一次构建应用需要花些时间。

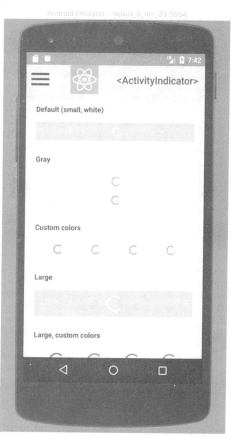

图 9.16　React Native UI 组件在 Android 上的运行效果

4.2　理解基础组件 View

　　作为创建 UI 最基础的组件，View（如图 9.17 所示）是一个支持 Flexbox 布局、样式、一些触摸事件和一些无障碍功能的容器，它可以放到其他视图里，也可以有多个任意类型的子视图。不论在什么平台上，View 都会直接对应一个平台的原生视图（iOS 上的 UIView、Android 上的 android.view.View）。下面的例子创建了一个 View 组件，其包含了两个有颜色的方块和一个自定义的组件，并且设置了一个内边距，代码如下：

```
var ViewDemo = React.createClass({
    render: function () {
```

```
            return (
                <View style={{flexDirection: 'row', height: 100, padding: 20, backgroundColor: '#dddddd'}}>
                    <View style={{backgroundColor: 'blue', flex: 0.3}}/>
                    <View style={{backgroundColor: 'red', flex: 0.5}}/>
                    <MyCustomComponent {...customProps} />
                </View>
            );
        }
});
let customProps = {title: 'Marlon'};
class MyCustomComponent extends Component{
    render() {
        return (
            <View ><Text>自定义组件</Text></View>
        )
    }
}
```

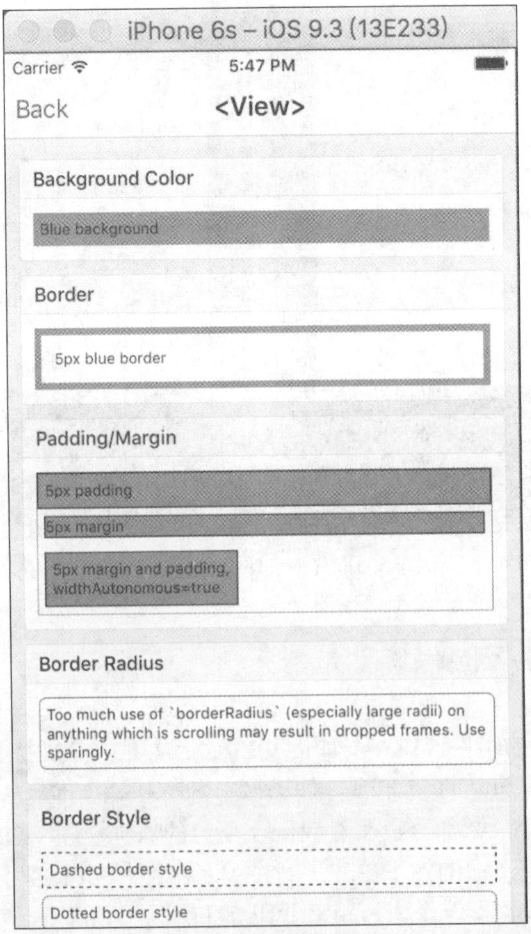

图 9.17　View 组件

运行效果如图 9.18 所示。

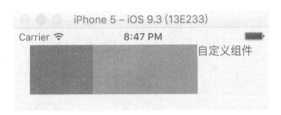

图 9.18　View 组件示例程序运行效果

尽管可以写内联样式，但我们推荐把 View 和 StyleSheet 搭配使用，这样可以使代码更清晰并且获得更高的性能。View 组件的主要属性如表 9-1 所示。

表 9-1　View 组件的主要属性

属性名	类型	描述
accessibilityLabel	string	设置当用户与此元素交互时读屏器阅读的文字。默认情况下，这些文字会通过遍历所有的子元素并累加所有的文本标签来构建
accessible	bool	当此属性为 true 时，表示此视图是一个启用了无障碍功能的元素，默认情况下，所有可触摸操作的元素都是无障碍功能的元素
onAccessibilityTap	function	当 accessible 为 true 时，如果用户双击一个已选中的无障碍元素，系统会调用此函数（此事件是针对残障人士，并非一个普通的单击事件。如果要为 View 添加普通单击事件，请直接使用 Touchable 系列组件替代 View，然后添加 onPress 函数）
onLayout	function	当组件挂载或者布局变化的时候调用，参数为： {nativeEvent: { layout: {x, y, width, height}}} 这个事件会在布局计算完成后立即调用一次，不过收到此事件时新的布局可能还没有在屏幕上呈现，尤其是一个布局动画正在进行中的时候
onMagicTap	function	当 accessible 为 true 时，如果用户双指轻触（Magic tap）手机屏幕，系统会调用此函数

pointerEvents	enum('box-none', 'none', 'box-only', 'auto')	用于定义当前视图是否作为触控事件的目标
		auto：视图可以作为触控事件的目标
		none：视图不能作为触控事件的目标
		box-none：视图自身不能作为触控事件的目标，但其子视图可以。类似于在 CSS 中做如下设置：
		.box-none {
		　　pointer-events: none;
		}
		.box-none　*{
		　　pointer-events: all;
		}
		box-only：视图自身可以作为触控事件的目标，但其子视图不能。类似于在 CSS 中做如下设置：
		.box-none {
		　　pointer-events: all;
		}

Chapter
9

属性名	类型	描述

		.box-none *{
		  pointer-events: none;
		}

removeClippedSubviews	bool	这是一个与特殊性能相关的属性，由 RCTView 导出。在制作滑动控件时，如果有很多控件不在屏幕中的子视图内，这个属性就会非常有用。要让此属性生效，首先要求视图有很多超出范围的子视图，并且子视图和容器视图（或它的某个祖先视图）都应该有样式 overflow: hidden
testID	string	用来在端到端测试中定位这个视图
style	style	样式表，支持如下属性： flex number flexDirection enum('row', 'column') justifyContent enum('flex-start', 'flex-end', 'center', 'space-around', 'space-between') alignItem enum('flex-start', 'center', 'flex-end', 'stretch') shadowColor color shadowOffset {width:number, height:number} shadowOpacity number shadowRadius number transform [{perspective: number}, {rotate: string}, {rotateX: string}, {rotateY: string}, {rotateZ: string}, {scale: number}, {scaleX: number}, {scaleY: number}, {translateX: number}, {translateY: number}, {skewX: string}, {skewY: string}] transformMatrix TransformMatrixPropType backfaceVisibility enum('visible', 'hidden') backgroundColor string borderColor string borderTopColor string borderRightColor string borderBottomColor string borderLeftColor string borderRadius number borderTopLeftRadius number borderTopRightRadius number borderBottomLeftRadius number borderBottomRightRadius number borderStyle enum('solid', 'dotted', 'dashed') borderWidth number borderTopWidth number borderRightWidth number borderBottomWidth number borderLeftWidth number opacity number overflow enum('visible', 'hidden')

本章总结

- React Native 开发环境搭建：iOS、Android。
- Flexbox 布局：flexDirection、justifyContent、alignItems。
- JSX 语法：JavaScript 表达式与 JSX 语法糖。
- RN UI 组件：UI 组件与示例程序。

本章作业

1. 自己搭建 React Native 的 iOS 和 Android 开发环境。
2. React Native Flexbox 布局常用的样式属性有哪些？它们的作用是什么？
3. 请结合本章所学内容实现课工场登录页，效果如图 9.19 所示，具体功能如下：
- 使用 React Native 组件和 JSX 语法创建登录页的页面结构。
- 使用 StyleSheet 定义登录页的样式。
- 使用 Image 组件实现图标的显示。
- 使用 Navigator 组件实现导航栏。
- 使用 TextInput 组件实现手机号和密码输入框。
- 使用 TouchableOpacity 组件实现"登录"按钮。

图 9.19　课工场登录页布局效果